ゲームシナリオのための
戦闘・戦略事典

ファンタジーに使える兵科・作戦・お約束 110

山北篤 著

SB Creative　NEXT CREATOR

本書に記載されている会社名、商品名、製品名などは一般に各社の登録商標または商標です。
本書中では ®、TM マークは明記しておりません。

©2015　Atsushi Yamakita
本書の内容は著作権上の保護を受けています。著作権者・出版権者の文書による許諾を得
ずに、本書の一部または全部を無断で複写・複製・転載することは禁じられています。

はじめに

　多くのエンターテイメント作品には「戦い」が欠かせません。特に、ファンタジー作品ならば、8～9割が戦いを描いているでしょう。しかし、創作者が困ってしまうのも、この戦いなのです。多くの方が「戦闘シーンを書くのは難しい」といいます。

　ファンタジーは架空の物語ですが、ファンタジー世界の戦いは中近世の戦いに大きな影響を受けています。また、ファンタジーを特徴づける魔法も、現代戦まで広く検討すれば、戦いにおける効果や運用などで似たような兵科を参考にできます。

　そこで、本書では3つのポイントを解説することにしました。

1. **戦士の知識**：中近世の戦いに登場する戦士たちがどのような人々だったのか、必要な知識を整理して紹介します。外見や武装などから、どのような時代にどのような必要があって生まれた兵科なのか、などを分類しました。

2. **戦いの実体**：戦いの実体とは、戦いの種類、戦法、戦術思想、戦略思想などのことです。本書では、多岐にわたる知識の基本を広く紹介します。

3. **勝利の方法**：戦いに勝つための方法を紹介します。また、どのような失敗によって敗北してしまうかにも触れています。実のところ、どのような戦いであっても勝利の方法は片手で数えるほどしかありません。「敵より多くの兵を集めること」「敵に強兵をぶつけること」「敵を包囲すること」「敵の陣形の弱点を突くこと」くらいです。しかし、そこに持って行く手段は千差万別です。例えば「敵より多くの兵を集める」ために、いかに敵をだまして自軍の兵力移動を察知させないか、その方法は無数にあります。本書では、この無数にある方法から、代表的例を取り上げています。

　戦いの知識を得たうえで書いた戦闘シーンは、知らなかったときよりも、リアリティがあり、面白いものにできるのではないかと考えています。

　本書を使って、迫力ある戦闘シーンを作っていただければ幸いです。

山北篤

本書の概要

✠ 戦いの視点

　ある戦いの必勝法が、別の戦いでは必敗の手になってしまうことはよくあることです。戦いを様々な視点で分析し、状況によって対応を変えることが勝利の鍵です。本書を読み進める前に押さえておきたい4つの視点を紹介します。

規模

　最小の個人戦（一対一）から、パーティ戦（数人ずつ）、集団戦（数十人～数百人）、会戦（数千～数万人）、戦争（国家対国家）、世界大戦（世界中の国々）まで、戦いの規模は様々です。敵と味方で規模が違う場合は、大きいほうに分類します。つまり、1人対数人ならパーティ戦とします。

　戦いの規模によって、大きく2つの点が変化します。一つは、個人の能力の有効性です。小規模な戦いほど、個人の能力差が戦闘結果に大きく影響します。これは、説明するまでもなく明らかです。もう一つが、後方支援能力の有効性です。これは、大規模な戦いほど大きく影響します。一対一では、片方が倒れた瞬間に勝敗が決まるので、後方支援能力に意味はありません。しかし、国家対国家の戦争になると、生産力や兵站などの後方支援能力が勝敗を左右します。

舞台

　戦いには、陸上戦以外にも、水上戦、水中戦（ファンタジーなど）、空中戦（ファンタジーや現代）、宇宙戦（SF）など様々な舞台がありえます。本書は、ファンタジー世界の陸上戦を基本としますが、海戦などについても簡単に紹介しています。

　同じ陸上戦であっても、寒冷地や熱帯など気候の違いによって、様々な対応を変える必要があります。例えば装備一つをとっても、熱帯では厚い鎧を着ていると熱射病で死にかねませんし、寒冷地で金属鎧を着ていると凍傷で肉が鎧に張りついてちぎれてしまいます。舞台の違いによって、戦いのノウハウがまったく異なることも多くあるのです。

対象

　敵の種類に対応した攻撃を行わなくては、勝利はつかめません。例えば、現在主流となっている小銃の5.56mm弾は、人間を負傷させて戦闘不能にする最低限の大きさ

の弾として考えられたものです。これより大きい弾では、弾薬の携行数が少なくなりますし、小さい弾では倒せません。狩猟には、もっと大きい弾丸が使われます。野生動物をしとめるには、5.56mm弾は弱すぎるからです。人間より丈夫な生物（オーガや巨人など）と戦う場合、5.56mm弾では威力が不足すると考えられるでしょう。

このように、敵となる相手の武装・装甲・生態に合わせて攻撃方法を変える必要があるのです。

会敵

どのような状況で敵と対峙するかで、戦い方は変わります。それぞれが戦場で部隊の配置も行ったうえで始められる通常の会戦なのか、移動中の敵部隊と偶然衝突する遭遇戦なのか、移動中の部隊を待ち受ける伏兵戦なのか、など様々です。

種類	解説
会戦	2つの部隊が戦場にやってきて、それぞれ戦いの準備をし、部隊の配置も行ったうえで戦いを始める。基本的には数の多いほうが有利だが、それを覆す戦術や武器が勝敗を決めることもある。
遭遇戦	2つの移動中の部隊が、偶然に出会って戦いになる。どちらも、戦いの態勢ができていないので、先に態勢を整えたほうが有利になる。
伏兵戦	移動中の部隊を、待ち構えていた部隊が奇襲する。奇襲に成功すれば、当然奇襲側が有利になる。奇襲に失敗しても通常は有利不利はないが、伏兵を敵に読まれていた場合、奇襲部隊への奇襲が行われて、伏兵側が不利になる。
防衛戦	どこかを守る部隊を、移動してきた部隊が攻撃する。防衛側は守りやすい地形に拠るので、基本的には防衛側が有利。攻撃側は3倍いてようやく互角になる。このことを攻者3倍の法則という。
攻城戦	防衛戦の一種で、堀や城壁で守られた城や城塞都市を、移動してきた部隊が攻撃する。城壁の高さや強度にもよるが、防御側は5倍くらいの敵を相手にできる。攻撃側に攻城兵器がなければ、もっと兵数に差があっても守れる。

本書の各項目を読むときに、その項目は4つの視点のどこに影響するのか、戦いがどう変わるのか、勝つための方法論が変わらないのか、そのような点を検討しながら読んでいただけると、より応用が広がると考えています。

✠ 本書の構成

本書は、次のような構成になっています。

第1〜3章では、様々な兵科を中心に戦闘に関わる者たちをまとめています。

第1章と第2章は、古代〜近世の一般兵士たちの紹介です。戦いになると集団で行動する兵士たちの、装備や戦法を紹介しています。

第3章は、架空の兵科についての章です。あまりに都合がよすぎる架空兵科を作ると物語が単調になってしまいますが、現実に存在する兵科との類推から利点と欠点を考えて設定すると面白くなります。類推の参考になる情報をまとめました。

第4章は、基本的な個人戦闘の章です。個人として敵と戦うとき、どこに目をつけて戦うべきでしょうか。また、戦士は武装によって戦い方が変わるので、それぞれの武器の構えや攻撃の基本パターンを紹介しています。一対一の戦闘シーンの参考にできます。

第5章以降は、集団戦について書いています。

第5章は、戦術の章です。指揮官や軍師が、戦いの中で自軍を有利にするための、様々な工夫について書いています。物語において、主人公率いる軍を有利にする、もしくは敵軍の足を引っ張る方法を考えるヒントになります。

第6章は、作戦の章です。一つの会戦をどのように行うべきか。最初にどのように会敵して、どのような陣形で対峙して、どのように勝つかという、作戦レベルの戦い方について説明しています。もちろん、指揮官や軍師となったキャラクターの役に立ちます。

第7章は、戦略・政略の章です。国家レベルの戦争について判断する場合、どう考えるかについてまとめています。主人公が国王や宰相、総司令などの立場になったとき、何を検討して、どう決断するのかを考える役に立つでしょう。

また巻末には、頻出する軍事用語やわかりにくいと思われる軍事用語の解説もまとめました。本書を読む参考にしてください。

目次

はじめに 3

本書の概要 4

第 **1** 章 歩兵 **11**

001 歩兵　*Infantry* 12

002 重装歩兵　*Heavy Infantry* 14

003 ホプリタイ　*Hoplites* 16

004 ペルタスタイ　*Peltastai* 18

005 ローマ重装歩兵　*Roman Heavy Infantry* 20

006 クロスボウマン　*Crossbowman* 22

007 ロングボウマン　*Longbowman* 24

008 スリンガー　*Slinger* 26

009 傭兵　*Landsknecht* 28

010 スイス傭兵　*Swiss Guard* 30

011 銃兵　*Harquebusiers* 32

012 戦列歩兵　*Line Infantry* 34

013 散兵　*Skirmishers* 36

014 属領兵　*Soldier of Dependency* 38

015 民兵、私兵　*Non-Military Person* 40

016 足軽　*Ashigaru* 42

017 捕手　*Torite* 44

Column 忍者は戦わない 46

第 **2** 章 騎兵 **47**

018 騎兵　*Cavalry* 48

019 戦車　*Chariot* 50

020 騎馬民族騎兵　*Nomadic Horseman* 52

021 鞍と鐙　*Saddle and Stirrup* 54

022 重装騎兵　*Heavy Cavalry* 56

023 騎士　*Knight* 58

024 竜騎兵　*Dragoon* 60

025 ユサール *Hussar* ⋯⋯⋯⋯⋯⋯⋯⋯ 62

026 騎馬武者 *Kiba-Musha* ⋯⋯⋯⋯⋯ 64

027 騎馬武者（戦国） *Kiba-Musha* ⋯ 66

Column 騎馬軍団は存在した ⋯⋯⋯⋯ 68

第③章 架空兵科 ⋯⋯⋯⋯⋯⋯⋯ 69

028 架空兵科 *Imaginary Unit* ⋯⋯⋯ 70

029 魔法使い *Wizard* ⋯⋯⋯⋯⋯⋯⋯ 72

030 魔法戦士 *Magic Knight* ⋯⋯⋯⋯ 74

031 神官 *Priest* ⋯⋯⋯⋯⋯⋯⋯⋯⋯ 76

032 飛行兵科 *Flying Unit* ⋯⋯⋯⋯⋯ 78

033 竜騎士 *Dragon Rider* ⋯⋯⋯⋯⋯ 80

034 水中兵科 *Under-Sea Unit* ⋯⋯⋯ 82

Column 吸血鬼の部隊 ⋯⋯⋯⋯⋯⋯⋯ 84

第④章 個人戦闘 ⋯⋯⋯⋯⋯⋯⋯ 85

035 個人戦闘 *Personal Combat* ⋯⋯⋯ 86

036 武技の要素 *System of Martial Arts* ⋯ 88

037 パイク（歩兵） *Pike* ⋯⋯⋯⋯⋯ 90

038 スピア（歩兵） *Spear* ⋯⋯⋯⋯⋯ 92

039 ポールアックス（歩兵） *Pole Axe* ⋯ 94

040 剣と盾（歩兵） *Sword and Shield* ⋯ 96

041 両手剣（歩兵） *Two-handed Sword* ⋯ 98

042 モードシュラッグ（歩兵） *Mordschlag* ⋯ 100

043 ハーフソード（歩兵） *Halfsword* ⋯ 102

044 盾（歩兵） *Shield* ⋯⋯⋯⋯⋯⋯⋯ 104

045 バックラー（歩兵） *Buckler* ⋯⋯ 106

046 二刀流（歩兵） *Dual Sword* ⋯⋯⋯ 108

047 レイピアと左手（歩兵） *Rapier and Left Hand* ⋯ 110

048 レイピアとダガー（歩兵） *Rapier and Dagger* ⋯ 112

049 ダガー（歩兵） *Dagger* ⋯⋯⋯⋯ 114

050 異種白兵戦（歩兵） *Battle with Different Weapons* ⋯ 116

051 武装格闘術（歩兵） *Kampfriegen* ⋯ 118

052 ランス（騎兵） *Lance* ⋯⋯⋯⋯⋯ 120

053 サーベル（騎兵vs騎兵） *Saber* ⋯ 122

054	サーベル（騎兵vs銃兵）	*Saber*	124
055	鎧（武者）	*Yoroi*	126
056	槍（武者）	*Yari*	128
057	介者剣術（武者）	*Kaisha-Kenjutsu*	130
Column	空飛ぶ魔法使い		132

第5章　戦術　133

058	戦闘力	*Combat Power*	134
059	戦闘の原則	*Basic Principle of Battle*	136
060	ランチェスターの法則	*Lanchester's Law*	138
061	戦力の集中	*Concentrate Combat Power*	140
062	分進合撃	*Battlefield Concentration*	142
063	戦闘距離	*Combat Range*	144
064	鉄条網	*Wire Obstacle*	146
065	塹壕	*Trench*	148
066	高所	*High Ground*	150
067	奇襲	*Surprise Attack*	152
068	伏兵	*Ambush*	154
069	予備	*Reserve Force*	156
070	殿とリアガード	*Rearguard*	158
071	追撃	*Pursuit*	160
072	指揮官	*Leader*	162
073	士気	*Moral*	164
074	糧食	*Combat Ration*	166
Column	予備役とクリュンパーシステム		168

第6章　作戦と陣形　169

075	横陣	*Line Formation*	170
076	横陣（戦闘）	*Line Formation*	172
077	斜線陣	*Echelon Formation*	174
078	鉄槌と金床	*Hammer and Anvil Tactic*	176
079	包囲	*Envelopment*	178
080	包囲殲滅戦	*Envelopment and Annihilation*	180
081	中央突破	*Frontal Breakthrough*	182
082	くさび形陣形	*Flying Wedge Formation*	184

083	テルシオ	*Tercio*	186
084	八陣	*Hachijin*	188
085	諸兵科連合	*Combined Arms*	190
086	野戦築城	*Field Fortification*	192
087	渡河戦	*Across the River*	194
088	補給戦	*Supplying War*	196
089	機動戦	*Maneuver Warfare*	198
090	攻城戦（目的）	*Seige*	200
091	攻城戦（攻撃手法）	*Seige*	202
092	古代の海戦	*Naval Battle in the Ancient Age*	204
093	中世の海戦	*Naval Battle in the Middle Age*	206
094	移乗戦	*Boarding*	208
095	近世の海戦	*Naval Battle in Early Modern Period*	210
Column	将軍・軍師・参謀		212

第 7 章　戦略と政略　　213

096	戦争利益	*Benefit of War*	214
097	政戦略と戦術	*Strategy and Tactics*	216
098	ファビウス戦略	*Fabian Strategy*	218
099	焦土作戦	*Scorched Earth*	220
100	外線作戦	*Exterior Lines of Operations*	222
101	内線作戦	*Interior Lines of Operations*	224
102	シュリーフェン・プラン	*Schlieffen Plan*	226
103	電撃戦	*Blitzkrieg*	228
104	ゲリラ戦	*Guerrilla Warfare*	230
105	戦場の霧	*Fog of War*	232
106	兵站	*Logistics*	234
107	海洋戦略	*Maritime Strategy*	236
108	ウェゲティウスの軍事論	*Vegetius' "De Re Militari"*	238
109	マキャベリの君主論	*Machiavelli's "Il Principe"*	240
110	孫子の兵法	*Sun Tzu's "The Art of War"*	242

用語解説	244
参考文献	250
索引	251

第1章

Infantry

歩兵

ファンタジーに登場する戦士たちは、いったいどのような人々なのでしょうか。この章では、古代ギリシアのホプリタイからナポレオンの兵士たちまで、様々な時代の歩兵の姿と役割を紹介します。

ゲームシナリオのための
戦闘・戦略 事典

戦力の基本

　歩兵は最古の兵科であり、ほぼすべての軍において人数的にも戦力的にも最大を占めます。例外は、騎馬民族の軍くらいです。古代から現代まで、騎兵や戦車といった兵科は少数の特殊なもので、多くは歩兵なのです。このため、ほとんどの戦争の勝敗は歩兵戦の勝敗によって決まります。

　歩兵には次のような長所があります。

- **安価**：歩兵は一番安価な兵科である。騎兵や戦車のように馬や台車は必要ない。人間に武器を持たせれば（鎧もあるとなお良し）歩兵になる。また、訓練も大して必要なく、その辺から徴兵してきた人間に武器を持たせて整列させるだけでも歩兵部隊ができあがる（もちろん、このような兵士では雑兵にしかならない）。このため、騎馬民族を除いて、あらゆる軍の主力は歩兵であった。
- **汎用性が高い**：軍事的見地から歩兵を見ると、最大の利点は汎用性の高さといえる。攻撃に防御に占領に警戒に輸送に、歩兵はあらゆる用途で使用可能な兵科である。例えば騎兵は平原での攻撃には長けているが、城への攻撃や城の守備にはまったく向かない。歩兵は平原での攻撃兵力にも、攻城戦の主戦力にも、城の守備兵にもできる。戦闘は、様々な状況で発生するのでどうしても汎用性の高い歩兵が必要となる。これも、軍隊の主力が歩兵である理由の一つである。

　しかし、もちろん歩兵にも次のような短所があります。

- **弱兵**：多くの歩兵は、徴兵した人間（つまり金がかからない）にたいした訓練をしないまま武器を持たせただけなので、士気が低く少し不利になるとすぐに逃げ出してしまう。十分な訓練をして士気の高い歩兵を作るには時間と費用がかかり、安価であるという歩兵の利点がかなり失われてしまう。それでも騎兵などに比べれば遙かに安く歩兵部隊を編成できるが、時間と費用をかけたぶんだけ兵員数が少なくなる。精兵と兵数は、残念ながら両立できない。

歩兵 第1章

001

歩兵

● **中途半端**：汎用性は歩兵の利点だが、逆にいえばあらゆる仕事を中途半端にしか
できないということでもある。突撃なら騎兵のほうが強いし、火力なら砲兵のほう
が高い。弓兵のように遠距離攻撃もできない（狭義には、弓兵は歩兵に含まない。
広義になら含んでいる）。歩兵にしかできない仕事は占領くらい（人間相手なので、
歩兵でなければ管理できない）。

● **速度**：脚で歩くので、騎兵と比べると進軍速度は劣る。つまり、急な用途に即座に
投入しても間に合わない。

歩兵の分化

歩兵には、大きく分けて2つの隊形があります。密集隊形歩兵と散兵です。これらは、
任務が異なるため、そこに使用される兵科もまったく異なります。

● **密集隊形歩兵**：主に白兵戦武器を持ち、厚い鎧を着て、戦線を作って前面の敵と
戦うのが仕事。その任務は敵に倒されないことと敵を後方に回さないことで、それ
によって味方を守る。この役割は、ファンタジー世界の少人数戦闘においては重戦
士の仕事とされることが多い。

● **散兵**：主に遠距離武器を持ち、軽装で素早く動いて、敵を攻撃したり、敵の戦線
を崩したりするのが仕事。その任務は、敵を攻撃し、また敵の連携を崩して味方の
密集隊形歩兵が有利に戦えるようにすること。この役割は、ファンタジー世界の少
人数戦闘においては、軽戦士や弓兵の仕事とされることが多い。

ファンタジーRPGなどにおける重戦士や軽戦士のありかたは、実は古代から続く戦
争における、歩兵の2つの役割から類推して作られているのです。
歩兵の問題点の改良は、昔から研究されてきました。

● **重火力化**：攻撃力が弱い歩兵の弱点をカバーするために重武装する。例えば追撃
砲や機関銃などを持たせる。ファンタジー世界では、魔法使いを加える、マジック
アイテムを持たせるといった対応になるだろう。

● **機動化**：速度の遅い歩兵の弱点をカバーするため、車両で移動する機動歩兵にする。
ファンタジー世界でも、歩兵ごと馬車に乗せて移動する、武装を馬車で運んで身
軽に移動させるといった方法などで速度アップは可能。

● **特化**：汎用性は歩兵の利点だが、それだけ個別の戦場では弱い。個別環境ごとに
訓練することで、特定の環境で強い歩兵にできる。例えば、山岳歩兵や、市街戦専
門の特殊部隊などがある。

13

重装歩兵
Heavy Infantry

+ 白兵戦　　+ 戦線　　+ 低速

世界の歩兵の基本

　重装歩兵とは、胴鎧・兜・籠手・すね当てなどで身を固めた重装甲の歩兵で、世界各地の軍に存在しました。多くは、大きめの盾も持っています。

　重装歩兵の長所は、次のようにまとめられます。

- **重装甲**：弓矢や投石などの遠距離武器でも簡単には傷つかず、接敵しても敵の攻撃を受け止めるのが容易。このため、戦場における生存率が高い。
- **重い**：重装歩兵は、重さそのものが武器となる。敵とぶつかったときも押し負けることがない。
- **戦線確保能力**：装甲の厚さと重さのおかげで、戦場において現在地を確保し、陣形を保つ能力が高い。つまり、戦場において戦線を守る能力が高いといえる。押し負けることもないので、そうそう戦線に穴が開くこともない。敵に後ろに回られる可能性を下げるので、味方の安全度が高まる。

　もちろん次のような短所もあります。

- **鈍重**：重い鎧を着ているために動きが鈍い。逃げた敵には追いつけないし、自分たちが逃げるときは追いつかれてしまう。重装歩兵が死ぬのは、戦場で戦っているときではなく（この場合は負傷で済むことのほうが多い）、戦線が崩壊して敗走しているときが圧倒的に多い。
- **不器用**：手まで鎧で覆っているため、弓や弩のような細かな作業を必要とする武器はうまく扱えない。もちろん、これに対応すべく手だけはむき出しの（つまりそこは弱点になる）重装弩兵なども考えられたが、足の遅さと遠距離武器の相性が悪く、攻城戦以外ではあまり使われなかった。

重装歩兵は、MMORPGなどにおけるヘイトを稼いで敵の攻撃を受け止める重戦士系キャラクターの立ち位置と同じです❶。もちろん現実の戦争では、前方で戦う重装歩兵よりも、こちらの弱点となる後方を狙ってきます。それを防ぐために、戦線を引くという行為が必要で、敵を戦線の後ろに行かせないことが重装歩兵の任務です❷。

❶ MMORPGの戦闘

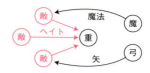

❷ 現実の戦争

重装歩兵が戦線を組んで、敵重装歩兵を食い止めている。いったん接敵してしまうと、もはや離脱は難しいので、横から軽装歩兵が攻撃することも可能になる。

重装歩兵部隊と戦う

重装歩兵部隊と戦う場合、次のような方法があります。基本的に弱点を突くほうが味方の損害は少なくなります。

- **正面攻撃**：策が成功しない限り、重装歩兵は正面からの叩き合いになる。この戦いに勝つには、2つの方法がある。

  一つは、敵重装歩兵よりも、装甲・武器・肉体などが上回る性能の重装歩兵で戦うこと。通常は、両軍とも似たり寄ったりのはずなので、差が出ることはほとんどない。もう一つは、重装歩兵の攻撃力をなくすこと。例えば、ランツクネヒトが用いた、両手剣で槍の穂先を切断して槍衾(やりぶすま)に隙間を作り、その隙間にハルバートや片手剣部隊を突入させる戦法が、これに相当する。

- **側背攻撃**：側面か背面からの攻撃が最も有効な手段とされる。長い槍も大きな盾も、側背面からの攻撃には役に立たない。問題はどうやって重装歩兵の側面や背面に回るかである。その方法として、一点突破背面展開、伏兵、戦線の延長など、様々な作戦が使われる。

- **遠距離攻撃**：遠距離から、重装歩兵を倒す攻撃を行う。現実世界では、これは砲兵の役割。進軍についていけるように小型化して車輪などをつけた砲門を、ナポレオンは野戦砲として大いに利用している。ファンタジー世界であれば同様の役割を魔法が担う。敵の戦線に一部でも穴が開けられれば、そこから突破し側背攻撃に移行できる。

第1章 003 Hoplites
ホプリタイ
Hoplites

✚ 古代ギリシア　　✚ 重装歩兵　　✚ 密集戦術

歩兵の基礎

　古代ギリシアの歩兵である**ホプリタイ**（ギリシア重装歩兵）は、重装歩兵の先祖です❶。ヨーロッパの重装歩兵は、すべてこのホプリタイをルーツとしています。ヨーロッパの国々はホプリタイに対抗するために歩兵を整え、ホプリタイの欠点が明らかになると改良を施したのです。

❶ 後期のホプリタイ：手には槍、腰には予備の武器として剣を下げている。兜はアッティカ式ヘルメット、胴鎧は硬くした皮で、すね当てをつけ、盾（ホプロン）を持っている。ホプロンはアーガイブグリップ式で、中央のベルトに腕の肘までを差し込んで、右端のグリップを握って固定する。

　ファンタジー世界での戦闘の基本となる中世の戦闘を理解するためには、歩兵の基準であるホプリタイについて知っておくとよいでしょう。

　ホプリタイは、**ホプロン**という盾（直径80～100cm）を持つ防御力の高い兵士です。鎧は、兜、胴鎧、すね当てです。手に持った槍が主武器で、剣は左腰に予備武器として差してあります。

　ホプロンは、左腕の肘を上げて、前腕を身体の前に水平になるようにして保持します。これがホプリタイの基本の構えです。大きめのホプロンを使った場合、顔の左下から左脚の腿くらいまでは覆ってくれます。ホプロンでカバーできない部分は、青銅のヘルメットとすね当てで防御します。

　個人戦闘の場合、ホプロンは無駄の多い盾といえます。単独のホプリテス（ホプリタイの単数形）は、盾のない右側（敵から見れば左側）へ回られないようにしなくてはなりません。敵に槍で攻撃しにくいほど近くに寄られてしまうと、ホプリテスは何とかして離れようとするか槍を手放して予備の剣を抜くことしかできなくなります。

　しかし、隊列を組んで**ファランクス**（縦横にきっちり並んだ密集隊形）を構成していると、ホプロンの本当の価値が現れます。無駄だったホプロンの左半分が、自分の左

16

に立つ味方兵士を守る盾となるからです❷。兵士は、自分のもつ盾と右隣の戦友の持つ盾によって全身を防御できます。そして、ホプロンの隙間から槍を突き出すことで、かなり安全に攻撃できるのです。

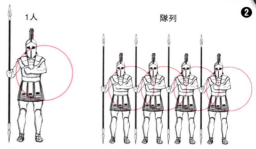

隊列を組まずに1人でホプロンを持った場合、盾の左半分（正面から見れば右半分）は身体を隠す役目を果たさない。しかし隊列を組むと無駄だった左半分が隣の味方を守る盾となる。

ホプリタイの行動と攻略

　最前列のホプリタイの役目は、第一に壁になることです。左手の盾をしっかりと構えて、敵の攻撃を受け止めます。右手の槍は、脇の下に構えて敵を突き刺します。

　2列目以降のホプリタイは、左手を真上に上げ、前腕を頭の上に水平にして盾の傘を作ります。これは降ってくる敵の矢を防ぐためです。特に、2列目は最前列が盾を前に構えているので、最前列の頭上も守ります。さらに、槍を担ぐようにして持ち、最前列の頭の隙間から敵へと突き刺すようにして攻撃を行います。こうすることで隊列の前面は、最前列の人数の2倍の槍で攻撃できます❸。

　きちんと隊列を組んで戦っている間は、負傷者が出ても死者の数は少なくなります。致命的な部分を盾や鎧でカバーしているためです。

　ホプリタイの弱点は、後ろや横からの攻撃です。前に構えた盾では後ろや横が防御できず、すね当ても後ろががら空きだからです。隊列の一部が崩壊して、敵が後ろに回ると敗北してしまいます。さらに、敵に後ろを見せて逃げているときも同じように狙われ、死亡率が跳ね上がります。

　また、ホプリタイは平らな土地に特化した戦力です。地面が上下していると、盾や槍を揃えることができずに隙ができて隊列に侵入されます。

第1章 004 Peltastai
ペルタスタイ
Peltastai

| ╋ 古代ギリシア | ╋ 軽装歩兵 | ╋ 移動力 |

軽装歩兵の活躍

古代ギリシアの歩兵である**ペルタスタイ**は、**軽装歩兵**の先祖に当たります❶。ペルタスタイも、ホプリタイと同様に**ペルタ**（三日月型の小さな盾。小さな円形のものもある）から取られた名前です。ヘルメットは被っていますが、鎧は無しという軽装です。武装は、投げ槍と小型の剣ですが、剣はいざというときの備えでしかなく、基本的には投げ槍を投げたら撤退します。

このようにペルタスタイは、遠距離武器を主として戦います。投げ槍ではなく弓矢や投石器を遠距離武器としたペルタスタイもいました。

軽装歩兵は基本的に散兵で運用します。散兵はきちんとした隊列を作らないので整列の必要がなく、素早く動けます。

ペルタスタイは次のような仕事をします。

ペルタスタイ：左手で予備の槍を持って右手で投げる。このため、携行できる投げ槍は3〜4本が限界だった。

1. ホプリタイが整列するまでの時間稼ぎをする。敵にホプリタイの隊列が乱されたときも同じ。
2. ホプリタイ同士が衝突する直前に、味方ホプリタイの前に出て投げ槍で敵の隊列を崩す❷。槍を投げ終えたら、即座に味方ホプリタイの後ろに隠れる❸。
3. 味方ホプリタイの横に出て、敵が味方ホプリタイの横や後ろに回り込まないようにする。余裕があれば、敵ホプリタイに遠距離攻撃をして隊列を崩す。

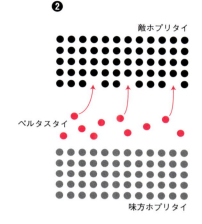
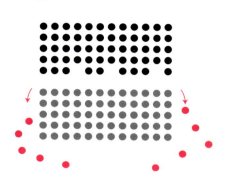

ペルタスタイが敵ホプリタイを攻撃し、その隊列を少しでも崩す。

隊列の崩れた敵ホプリタイは、味方との衝突で、大きな被害を受ける。

　つまり、軍と軍との正面衝突以外の仕事すべてを行うのがペルタスタイです。

　ペルタスタイの最大の利点は移動速度です。軽装で防御が弱いという欠点は、同時に逃げ足が速いという利点にもなります。遠距離武器を装備し、重装歩兵が近づいたら逃げてしまえる軽装歩兵は、きちんと戦列を組んで移動する重装歩兵にとって、非常にうっとうしいものだったのです。

　確かに、重装歩兵を一気に壊滅させるような攻撃力は持ちません。しかし、それでも隊列の中にいる個々人を殺傷するだけの攻撃力はあるので、隊列を崩すことができるのです。

　また、時間をかければ、ペルタスタイがホプリタイを壊滅させることもできます。進軍するホプリタイを横から何度もペルタスタイが攻撃し、反撃されそうになると逃げる。これを何度も繰り返すことで、ホプリタイを壊滅させたことが実際に戦史にも残っています。

　ペルタスタイを倒すには防御の弱さを突くことになります。ただし、足は速いので、重装歩兵では追いつけません。一番よいのは騎兵による攻撃です。騎兵に接近されたペルタスタイには勝ち目はありません。

　遠距離武器による攻撃も効果的です。ただし、ペルタスタイは散開しているので、密集したホプリタイ相手のように、適当にそちら向きに射れば誰かに当たるという方法は効果があまりありません。一人ひとり倒していく必要があるでしょう。

005 Roman Heavy Infantry
ローマ重装歩兵
Roman Heavy Infantry

- 重装歩兵
- 剣
- 汎用性

ローマ軍団の基幹

❶ 最盛期のローマ重装歩兵：頭には金属のヘルメット（房飾りは、ヨーロッパでは背の低いほうだったローマ人が、少しでも身長を大きく見せるためにつけていたといわれている）、胴にはロリカ・セグメンタータ（プレートメイル）、手には盾と槍（ピルム）、腰にはグラディウス（小型の剣）。

❷ 3列目　2列目　1列目

ローマ帝国は、ヨーロッパ古代中世史において最強の帝国です。そのため、ファンタジー作品においても、強い時代のローマ帝国を「強い帝国」のモデルにすることが多くあります。ローマ帝国の軍は**ローマ軍団**です。その軍の基幹が**ローマ重装歩兵**です❶。

古代ギリシアのホプリタイにとっての剣は予備武器ですが、ローマ重装歩兵にとっては剣が主武器です。彼らはまず槍を投擲して接近し、最前線では剣を抜いて戦います。投げ槍は敵を倒せればそれでよし、倒せなくても盾に刺されば盾を使いにくくできるので接敵したときに有利になります。

隊列では、❷のように、1列目は剣、2列目は槍、3列目は長槍という装備になります。3列目からでも長槍ならば敵に届くからです。

ローマ重装歩兵の**スクトゥム**（楕円もしくは長方形の盾）は、セントラルグリップ式（中央の持ち手を手で握る）です❸。ホプリタイの盾よりも、向きや位置を変えるのが簡単なので、個人戦闘の場合でも盾で自分を守りやすくなっています。また、剣を主武器にしているため、接近戦でも強くなっています。

❸ ローマ重装歩兵がホプリタイと戦うとどうなるでしょうか。平原で真正面から戦った場合は、長い槍が主武器のホプリタイが勝利します。しかし、地面が平らでない土地では、ホプリタイは槍先を揃えることができないので、ローマ兵が槍の隙間から近づいて接近戦で勝利します。つまり、ローマ重装歩兵は、地面の状態にかかわらず平均的に戦闘力が発揮できる、汎用性の高い歩兵なのです。

ローマ軍団の構成

　ローマ軍団の構成は、年代によって変化していますが代表的なローマ帝国時代の構成を紹介します。

　ローマ軍団は、基本的にローマ重装歩兵から構成されます。重装歩兵は、1人の**ケントゥリオ**（百卒隊長）と1人の**ウェクシラリウス**（旗持ち）、80人の兵からなる**ケントゥリア**（小隊）ごとにまとまって行動します。これが6個小隊で、**コホルス**（大隊）となります。ただし、第1大隊だけは、160人の兵からなるケントゥリアが5個の精鋭部隊となっていました（最も激戦区に送られるため、予備兵力を多くしていった）。この第1〜10大隊が集まったものがローマ軍団です。

　ローマ軍団を指揮するのは**レガトゥス**（軍団長）と6人の**トリブヌス**（将校）です。トリブヌスはレガトゥスの参謀であり、いくつかのコホルスで分遣隊（部隊の一部を分けて独立させた部隊）を編制するときの指揮官として派遣されることもありました。また、偵察や伝令として120騎ほどの騎兵が付属していました。

　ローマ軍団の隊形で最も守備的なものに亀甲隊形があります。四角い隊列で、2列目の兵士が、腕を前に伸ばして盾を構えます。1列目の兵士は、この盾と盾の隙間から両手で持った槍を突き出します。両端の兵士はそれぞれ外に向けて盾を構えます。真ん中の兵士は、盾を頭上にかかげます。こうすると、軍団そのものが盾で覆われるので、投擲武器では突破不能の歩く城砦ができあがります。背後だけは盾がありませんが、隊列が停止した場合は、最後の兵が後ろ向きに盾を構えます。

　これが破られたのは一例だけです。敵城砦にこの隊形で近づいたときに、城壁の上から煮えたぎった油をかけられたことで、中の兵士は浸透した油に焼かれてしまいました。

第1章 006 Crossbowman
クロスボウマン
Crossbowman

✚ 遠距離武器　　✚ 訓練期間　　✚ 促成兵

クロスボウマンの優越

　中世ヨーロッパの遠距離攻撃兵は、ほとんどが**クロスボウ**を使用していました。徴兵した農民に使わせる武器としてちょうどよかったからです。このため、ファンタジーの一般兵も、クロスボウを使うことが多いようです。
　クロスボウを使う兵科を**クロスボウマン（弩兵）**といいます❶。クロスボウには次のような特徴があります。

- **訓練が容易**：クロスボウは、他の遠距離武器に比べて、簡単な訓練で使うことができる。このため、武器さえあれば、いざというときに迅速に兵士を揃えられる。
- **比較的射程が長い**：長弓ほどの射程はないが、それでも100～200mほどの射程がある（飛ばすだけなら300mほど飛んだ）。ただし、ロングボウ（長弓）には劣り、一方的に攻撃を受けることになる。
- **安定した威力**：クロスボウの矢は、近距離（50m以内）なら鉄の胸甲を貫ける。しかも弓と違って、射手の腕力にかかわらず一定の威力がある。
- **士気に影響されにくい**：遠距離武器なので、士気の低い徴集兵でも逃げ出しにくい。
- **発射速度が遅い**：クロスボウは、バネを巻き上げて矢を設置するのに、数十秒から数分かかる。大きく威力のあるものほど、巻き上げ時間がかかる。このため、敵が突進してきた場合、最初の1発を射たら、次の矢をセットする前に白兵戦になってしまう。つまり、一方的に射ることができるのは1回だけ。

❶

クロスボウマン（弩兵）：ヘルメットとチェインメイルを身につけているが、この装備は優れているほう。一般的には、ヘルメットと、キルトか革鎧くらいの装備。

- **高価**：クロスボウは複雑な機構を持った武器なので価格は高い。
- **白兵戦に弱い**：クロスボウと槍を同時に持つのは難しいので、敵歩兵に接近されたら勝ち目がない。まして、騎兵の突撃を受けると一瞬でやられる。

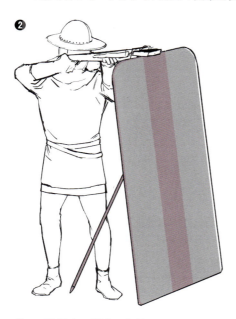
❷

このように欠点も多いクロスボウですが、多数の兵を素早く動員できるという最大の利点から、遠距離武器の主役となっていきます。

クロスボウマンには、**パヴィス**という据え置き式の盾がつきものです❷。これは胸くらいまである長方形の板に馬の皮などを張りつけたもので、敵からの矢を防ぐ盾です。これによって胸から下を完全に盾で隠しながら射撃ができます。

クロスボウマンは、時代の変遷につれて「銃兵」011 へと変わります。銃兵の武器は**火縄銃**です。火縄銃は、射程は最大200m程度、発射速度は数十秒に1発程度、訓練の容易さはクロスボウと同じ程度、威力は100mで胸甲が貫ける程度というように、クロスボウと同等か少し上回る性能の武器です。

特別なクロスボウ

クロスボウには、個人で使う小型のもの以外に、数人で使用する大型のものや、車輪をつけて引いて動かす（馬などで引くこともある）超大型のものもあります。

これらは、野戦でも使えないわけではありませんが、その動かしにくさと、発射速度の遅さ（1回の射撃に数分かかる）から、ほとんど使われません。

これらの活躍の場は、攻城戦にあります。城攻めには、大型投石機などと併用して、このような大型クロスボウが使われます。盾など何の役にも立たない大きく強力な矢で守備兵の士気を下げます。また、火をつけた矢を放って、敵の城内を炎上させるのにも使われます。

ロングボウマン
Longbowman

+ 遠距離武器　　　+ エリート　　　+ 育成期間

銃より強いロングボウ

イングランドのロングボウマン：鎧は着ておらず、ヘルメットだけ。命令を聞き取りやすいように耳が大きく開いてある。足元の斜めの杭は、騎馬突撃を防ぐためのもの。

ロビンフッドも使ったというロングボウ。これの使い手を**ロングボウマン**（**長弓兵**）といいます。ファンタジー作品ではエルフの武器としても知られており、ロングボウを使う兵はしばしば登場します。

7世紀ごろからウェールズで使い始められて、ウェールズ併合戦争でイングランドに大きな損害を与えました。その後、被害を受けたイングランドは併合したウェールズの弓兵を自軍に取り込みます。弓兵は、スコットランド独立戦争ではイングランド側兵力として大いに活躍しました。

ロングボウは、使い手の身長に等しい全長であるのが理想で、90cmもある矢を飛ばします。材質は主に**イチイの木**です。面白いことにイチイはイングランドには自生しておらず、イタリアやスペインなどの南ヨーロッパからわざわざ輸入していました。それだけ、イチイの弓が高性能だったのです。

ロングボウの効果は絶大です。速射においては、クロスボウの10倍もの速度で矢を射ることができ、射程も最大射程なら500mとクロスボウを圧倒します。100mで厚さ9cmの木を貫いたと記録にあります。火縄銃よりも遙かに威力のある武器です。

もちろん、敵に近づかれると弓兵は脆弱な存在です。鎧は軽いキルトが主流で、チェインメイルを着ている兵は少数、ヘルメットも指示が聞こえやすいようにオープンヘルメットです。このため、敵に接近された場合に備えて、次のような手段で弓兵を守りました。

- **下馬騎兵**：イングランドの下級騎士や従兵たちは、弓兵とともに戦うことを厭わなかった。彼らは馬を下りて、弓兵の前面で守った。逆に弓兵は下馬騎兵を弓で支援した。
- **移動しにくい地形**：弓兵は、しばしば足元のぬかるんだ移動しにくい地形に配置された。あらかじめこの地形に移動した弓兵は、何とか弓を射るだけの足場を固める。敵は足元の悪い土地を進まなければならず、騎馬であっても進みにくくなるので弓の的にできる。
- **杭**：百年戦争中のアザンクールの戦い（1415年）でイングランド王ヘンリー5世は、弓兵各自に長さ1.8mの杭を1本ずつ用意するよう命じた。これの先をとがらせ、自分の正面に先端を向けて斜めに地面に突き刺した。これは騎兵の突撃を防ぐための、槍兵による防御の代わりだった。「野戦築城」**086**の初歩といえる。

ロングボウマンの栄光と挫折

　アザンクールの戦いでイングランドのロングボウマンは、倍の数のフランス兵を打ち負かしました。クロスボウは、ロングボウにまったく勝てなかったのです。

　しかし、弓兵には致命的な弱点があります。それは育成期間の長さです。一人前のロングボウマンを育てるには、何年もかかります。このため戦争になって、兵が失われてもすぐに補充はできません。やっと補充されても、未熟な者ばかりです。

　しかしクロスボウマンは、ちょっと訓練するだけですぐに一人前になります。このため、戦闘で死んでもすぐに埋め合わせができます。

　結局、アザンクールの戦いではフランス軍を圧倒したイングランド軍ですが、度重なる会戦によって主力たるロングボウマンが激減してしまいます。それに比べ、フランスのクロスボウマンは減るどころか、戦前よりも増えているくらいです。長期戦になるとともに、イングランドの勝機は失われ、敗北への坂を転げ落ちることになりました。戦争において、量産できない兵科は、一時的に栄光を得ることはあっても、最終的な勝利は得られないということです。

　しかし、個人戦闘力で考えると、ロングボウマンは強力な遠距離兵科といえます。速射と狙撃のどちらにも使え、個人の技量さえ高ければ矢を消費するだけで強力な攻撃が行えるのでコストパフォーマンスもよいからです。

25

008 Slinger スリンガー

Slinger

+ 安上がり　　+ 低価値　　+ 意外と有効

最も安い戦力

　スリンガー（**投石兵**）は歩兵の中でも最も安上がりな戦力といえます。その名の通り、石を投げて敵を攻撃するという、子供の喧嘩かとも思えるような兵です。しかし、これが馬鹿にしたものではありません。こぶし大の石が命中すると、当たりどころが悪ければ死んでしまいますし、骨折するくらいは普通のことです。

　ただし、普通の投石ではせいぜい数10mしか届きません。命中させようとするなら、20mくらいが限界です。これでは遠距離武器としては射程不足なので、**投石器**を使います。投石器には主に2種類あります。**スリング**と**スタッフ・スリング**です。投石器を使えば、射程が50～100mになります。

スリング（投石紐）	スタッフ・スリング（投石器）
2mほどの紐の中央に、石をはめ込むカップ状の部分を作る。紐の片方を手の指などにくくりつけ、もう一方の端を同じ手で握る。カップに石を入れて、ぐるぐると振り回し、タイミングよく手を離せば、石を遠くまで（100mほど）飛ばせる。1回の射撃に10～20秒ほどかかる。手で投げるほどの精度はないので、個人の敵を狙うよりも、敵の隊列をめがけて投げることになる。	1～2mの棒の先にスリングをつけたもの。スリングの片端は棒に固定され、もう一方は外れるようになっている。スタッフを振ると、振り終えたところでスリングの紐が外れ、石が飛んでいく。スリングと同じくらい遠くまで飛ばすことができて、1回の射撃に数～10秒ほどとスリングより早く射ることができる。こちらも手で投げるほどの精度はない。

スリンガーの防御力

スリンガーは軍の中では補助兵にすぎません。射程も短く威力もロングボウやクロスボウより弱く命中率も劣ります。また、スリングを振り回すには比較的広い面積が必要なので、密集隊形では使えません。

しかし圧倒的な利点があります。それは非常に安上がりだということです。

スリンガーにまともな鎧を着せるのは無駄なので、普通の衣服しか着ていません。投石器を使うためには、両手が必要ですから盾も持っていません。そして投石器自体も、単なる紐かそれに木の棒をつけただけです。つまり、他の兵科の10分の1以下の費用で兵装をまかなえるのです。

敵としてもスリンガーは悩ましい存在です。ろくな鎧も着ていないスリンガーは、ロングボウマンやクロスボウマンなら遠距離から一方的に倒せますし、白兵戦部隊が近づけばそれだけで追い散らせる存在です。しかし戦場では、スリンガーより脅威の大きな兵科がいくらでもいます。スリンガーに構っていて、それらを放置するのはより危険です。つまり、スリンガーは弱い兵ではありますが、先に倒すべき兵が他に多くいるので、スリンガーを本格的に倒しにかかることができないのです。邪魔なので、味方兵士を近づけて追い散らすぐらいの対応になります。

スリンガーよりも優先して攻撃すべき兵がいるということが、スリンガーにとっての最大の防御といえます。つまりスリンガーは、他の兵科と併用してこそ意味がある兵科です。そして、ちくちくと嫌がらせをしては、さっさと逃げ去る。これがスリンガーの戦い方です。決して、隊列を作ろうとしてはいけません。散兵こそが、スリンガーを活かす用法です。

✦ ✦ Column ✦ ✦　印地打ち

日本では、投石の技術を**印地**もしくは**印地打ち**といいます。日本の投石には、飛びやすいように直径3寸の平たい石が使われます。スリング相当品は日本にも存在し、実際に使われていましたが、手拭いや領巾（女性が肩にかけて垂らした布で、ファッションの他に虫などを追い払うのにも使った）なども代用されました。

石の形状から、ヨーロッパの投石よりもよく飛び、弓矢に近い飛距離があるので、戦国時代でも盛んに使われていたことが近年の研究でわかってきています。城や砦には、印地用の石が大量に保存されていて、城攻めされたときには上から石を投げつけました。

傭兵
Landsknecht

✙ 臨時雇い　　✙ 歩兵　　✙ 盗賊

安上がりな攻撃兵力

　中世は、騎兵が花形の時代でした。しかし、騎兵だけでは戦争はできません。攻城戦や都市の占領など、歩兵にしかできない仕事はたくさんあります。そこで、安上がりな**傭兵**が多用されるようになりました。これは、次の利点があるからです。

- **必要なときしか費用がかからない**：傭兵は雇っている間しか金がかからない。常備兵が常に費用がかかるのに比べて、傭兵は必要なときだけ大量に雇い、不要になったら解雇できる。現代での正社員と非正規社員の違いのようなもの。
- **領民が減らない**：徴兵した領民が死ぬと、労働人口が減って領内の生産力が下がる。しかし、傭兵は領民ではないので、死んでも人口に影響しない。
- **農繁期にも使える**：農繁期に領民を徴兵すると、領内の生産量が下がってしまう。傭兵は農繁期に雇っても生産に悪影響がない。

　しかし、傭兵には傭兵の欠点があります。次のような行動を取ることがあるのです。

- **逃亡**：傭兵は、仕事として兵士をしているので、死んだり怪我したりしては大損になる。このため、勝っているときは（死傷する可能性が低いし、勝利のボーナスも期待できるから）勇敢に戦うが、不利になると（ボーナスもないし、負けて逃げるときが一番危険なので）真っ先に逃げてしまう。
- **略奪**：金と女のために戦う傭兵は、都市や村の占領時に、金目のものを略奪したり、女を凌辱したりすることがある。完全な敵国で略奪を行えば、敵国経済を痛めつけることができるので攻撃手段の一つではある。しかし、国内の反乱や敵国を占領して自国に編入しようとするときにあまり酷い略奪をすると、住民の恨みを買うし復興に金と時間がかかる。
- **盗賊化**：傭兵は仕事がなくなると、容易に盗賊へと職を変える。このため、自国内での解雇は危険。傭兵団の契約の中には「傭兵団は契約終了時には自国外に出ること」という条項が入っていることも多かった。

ランツクネヒト

　「スイス傭兵」010 は優秀でしたが、州ごとに雇われ、しかも多くはフランスが先約を取っていたので、神聖ローマ帝国が雇用することはできませんでした。そこで、神聖ローマ帝国皇帝マクシミリアン1世は、ドイツ人を鍛えて、スイス傭兵のような傭兵隊を作ろうとしました。それが**ランツクネヒト**（ドイツ傭兵）です。スイス傭兵に次ぐ強力な傭兵でした。

　ランツクネヒトは防具を自前で準備していたため、胸甲と兜くらいしか着ていません。代わりに、とても派手な衣装を着て、周囲のひんしゅくを買っていました。彼らの武装は表のように様々です。

武装	解説
槍	戦線を引くために使う。スイス傭兵より短く、4mくらい。
両手剣	敵の槍衾（やりぶすま）を切断し、白兵戦に持ち込むために使う。
長柄	白兵戦要員。ハルバートを使う。
片手剣	乱戦で使う。カッツバルゲルという刀身50～70cmくらいの直剣。
弩	手に防具を着けていないので使える。
火縄銃	手に防具を着けていないので使える。裕福な傭兵団しか装備していない。

　ランツクネヒトの1部隊は約400人です。そのうち100人は**ドッペルゼルトナー**という精鋭で、ツヴァイハンダー（両手剣）を持っていました。彼らが前に出て、敵（スイス傭兵が最大の敵だった）のパイクを切断します。スイス傭兵のパイクを切断し、予備武器しかなくなった敵を、ハルバートやカッツバルゲルで襲います。

　ランツクネヒトは、ツヴァイハンダーやカッツバルゲルのような無骨な剣を持っていて攻撃力は高いうえに、弩兵や銃兵もいて遠距離戦にも対応できます。しかし、防御力は貧弱で、長時間戦線を維持するような役目には向いていません。ただし、身が軽い分だけ移動力は高くなっています。

　ランツクネヒトは敵を側面や背面から攻撃する奇襲や、槍やパイクで防御隊形を作っているところに向かっていき槍を切断して防御を崩すといった攻撃などに向いています。その代わり、騎兵の突撃に対してはもろいところがあります。

第1章 010 Swiss Guard
スイス傭兵
Swiss Guard

✚ 傭兵　　✚ 槍衾　　✚ 防御兵力

絶大なる信用

　傭兵の中には信用のおけない盗賊まがいもいれば、絶大な信用を誇る傭兵もいました。**スイス傭兵**は、後者の代表格です❶。

　スイスは山が多く、農業に適さない土地だったため、昔から出稼ぎの仕事として傭兵をしていました。これによってスイスは、金銭を稼ぎつつ強力な軍事力を持つ国になりました。貧しい国に強力な軍事力は、スイスを侵略しようとする国をためらわせるのに十分でした。

　スイス傭兵は、州単位で雇われます。どこかの国がある州に傭兵の派遣を依頼すると、その州は他の国に傭兵を派遣しません。逆にいうと、スイス傭兵が戦うとき、その隣や背中にいるのは皆同郷の者たちばかりです。そして、敵に同郷の者がいることは絶対にないのです。これが、スイス傭兵の結束力の高さの秘密の一つです。

　16世紀になると、スイス傭兵は最強の傭兵として有名になっていました。また、（支払いが行われている限り）雇い主に忠実であることも有名で、フランス革命のときに最後までルイ16世を守って9割が戦死もしくは捕虜として殺害されたこと、神聖ローマ皇帝によるローマ略奪のときもバチカン衛兵の8割が戦死したことなど、死ぬまで雇い主を守ったことで名を残しています。

❶

スイス傭兵：装備は上半身を覆うプレートメイルと6mもあるパイク。奇しくも、信長が使ったとされる三間半（6.4m）の槍と同程度の長さ❷。長すぎるパイクを両手で使う関係上盾は装備しない。また、ガントレット（腕の防具）やスリーブ（前すねの防具）などは先頭の兵士は着用していたが、全員が着けているわけではなかった（本イラストでも着けていません）。

❷
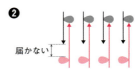

スイス傭兵のパイクは敵より長いので、敵のパイクが届かない位置から攻撃できる。

スイス傭兵部隊の戦闘

　スイス傭兵部隊の対騎兵基本戦術は、❸の通りです。正面から見ると兵士1人あたり4～5本の槍が正面に出ている状況であり、近づくことも困難です。

騎兵に対するパイク兵の構え：パイクは重く、手に持っていただけでは、騎馬の衝突に兵が耐えられない。このため、1列目は下端を地面につけて足で踏み固定する。そして、しゃがんで両手でパイクを支えて槍衾（やりぶすま）を作り、突進してくる敵騎馬に命中するように先端の位置を微調整して待ち受ける。2列目以降は1列目で速度が落ちた敵を突き刺すために、立って肩の位置でパイクを持つ。

　対歩兵戦術は、パイクを肩に構えて進撃する、**プッシュ・オブ・パイク**（パイクの突進）を使うことです。敵の白兵戦武器が届かない場所から敵を突き刺すことができます。

　ただ、パイクが長すぎるため、近接されると通常の槍のような白兵戦ができません。そのため、白兵戦用の剣は別に装備していました。ただ基本的にはスイス傭兵はパイクで戦うもので、剣での白兵戦に持ち込まれた時点ですでに敗北しています。剣は敗北が敗死にならないようにするための防御武器でしかありません。

　防具が上半身のみになっているのも、スイス傭兵が何よりも対騎兵戦力であるためです。馬の上からでは、歩兵の下半身に武器が届きません。またこの時代の弓矢も投石器も投げ槍も基本的に弓なりの軌跡を描いて飛ぶものなので、投擲武器の攻撃は斜め上からになります。このため、上半身の鎧があれば完璧とはいいませんが、かなりの部分を守ることができるのです。

　スイス傭兵に代表されるパイク兵は、密集隊列を作って戦うのが絶対条件です。1本だけのパイクが敵を向いていても、敵騎兵はちょっと横にずれて避ければよいだけです。しかし多くのパイクが並んですべて敵側を向いていたら、騎兵は突撃できません。逆にいえば、パイク兵は1人ではあまり役に立たないということです。

　スイス傭兵には、パイク兵以外にもう一つの形態があります。ハルバート兵です。長さ3mほどのハルバードを持って、パイク兵の隊列を横や後ろからの攻撃から守ります。こちらは軽装歩兵の役割を果たしています。ハルバート兵のほうは散兵として使うので、個人戦闘にも対応できます。実際、現在でもバチカンを守るスイス衛兵隊は、手にハルバードを持っています（さすがに儀礼的武装です）。

第1章 011 Harquebusiers
銃兵
Harquebusiers

✚ 銃　　✚ 戦法の変化　　✚ 鎧の衰退

銃の登場と戦術の変化

　ヨーロッパでは中世の終わりごろに**火縄銃**が発明されたことで、新しい兵科である**銃兵**が登場しました❶。銃兵は、騎士などの重装甲の兵士に深刻な問題を与えます。分厚い鎧を着ても銃弾を止められないからです。

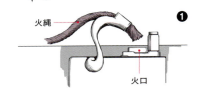

　当時の火縄銃は、現代の銃に比べると性能はよくありません。

- ● **命中率が低い**：球形の弾丸は、直進安定性が低く命中率が低い。
- ● **威力が落ちやすい**：弾道特性が低く、100mも飛ぶと速度が落ちる。
- ● **煙が出る**：黒色火薬を使っていたため、大量の煙が出る（弾丸1発で、手持ち花火数発分）。2発目3発目の発射のときなど、煙で敵が見難くなる。これは、19世紀末に無煙火薬が発明されるまで、銃の欠点として残る。
- ● **密集できない**：火縄の火が飛び散るため、銃兵は最低でも2〜3m離れて射撃しなければならず、銃兵を密集させて火力を集中するということができない。
- ● **発射速度が遅い**：毎回火薬と弾丸を込め直すため、1分に1発程度しか撃てない。後に、紙薬莢に火薬を入れるという方法で、30秒に1発程度になる。
- ● **雨天には使えない**：雨が降ると火縄が湿って射撃できない。

　しかし欠点以上に銃は強力な武器でした。数10mくらいの距離であれば、プレートメイルですら撃ち抜くのです（弾丸が大きいので、短距離では現代の小銃以上のダメージを与える）。そして、何より物凄い轟音がでます。この音で、敵は士気を失いますし、馬は驚いて騎兵を振り落としてしまうことすらあります。

　初期は銃に対抗しようとして、装甲が厚くなっていきました。しかし、人間が着られる範囲の鎧で銃弾を防ぐことはできないとわかると、逆に簡素化に向かいます。もちろん、戦場の武器は銃だけではありませんから、簡素化された鎧は使われました。

銃の進歩が戦術の進歩に

火縄は取り扱いの難しい材料です。そのため、火縄を使わない銃を作ろうと様々な方法が考えられ、17世紀に**フリントロック式**（火打ち石を使う）が広まります❷。

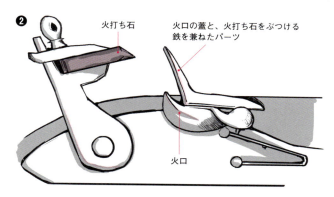

フリントロック式小銃も、火薬と弾丸を銃口から長い棒で押し込み、その後で火皿に火薬を少し入れて火をつけることで、小穴を通して銃身の中の火薬に火がつき弾丸が発射されるという点は同じです。

違うところは火のつけ方です。火縄では直接火縄の火を火皿の火薬に押しつけますが、フリントロックでは火打ち石を金属に擦りつけて火花を出し、その火花で火薬に火をつけます。フリントロック式の利点は、次の通りです。

- **雨天でも使える**：普段は火蓋（火皿のカバーの蓋）がしまっているので雨の影響を受けにくい。
- **密集して使える**：火縄が要らないので引火の恐れがなく密集して射撃できる。
- **発射速度が火縄よりも早い**：火蓋の開け閉めが自動なので、その分だけ発射速度が上がる。

もちろん欠点もありました。「火打ち石をぶつける」「引き金を引いてから発射までにワンテンポ遅れる」という点です。どちらも銃身がぶれて命中精度が下がる原因です。狙撃向きではありませんが、集団で集団に射撃する戦争では関係ありません。

フリントロック式は、何より銃兵が密集射撃できるというのが大きい利点です。火線密度が上がり、敵部隊に一度にぶつける鉄量が火縄銃時代の2倍以上、さらに発射速度の上昇を考えると火力が3倍ほどになったと考えてよいでしょう。

戦列歩兵
Line Infantry

✚ 銃剣　　✚ 大陸軍　　✚ ナポレオン

銃剣の発明

　銃兵（フリントロック式の銃を持った歩兵）は、攻撃力は高いが脆弱な兵科でした。確かに銃の火力は大きく、鎧を着た敵を離れたところから攻撃できます（といっても射程は100m程度）。しかし、銃兵は白兵戦に入ると自分の身を守ることもできません。だからといって、銃兵に白兵戦用の武器を持たせるのは無理があります。ただでさえ重い銃に銃弾と火薬まで持ち歩いている銃兵に、さらに槍や剣を持たせては重すぎて行軍できなくなります。銃兵を騎兵突撃などから守ってやるために、どうしても槍兵などの守備隊が必要でした。

　これを解決したのが、17世紀に作られた銃剣です。銃の先に短剣をつければ短槍になるという、コロンブスの卵の発想です。しかも、新しい技術は必要ありません。しかし、この発想が浮かぶまでに200年以上かかったのです。

　それまでは、銃兵はパイク兵で守る必要がありましたが、銃剣の発明によりパイク兵も銃兵になりました。つまり、同じ兵員数であれば2倍の銃が運用できるのです。銃剣はパイクより短くてその分弱いですが、全員が白兵戦用の武器を持つことで、トータルではそれまでと同じくらいの防御力があります。つまり銃剣は、部隊の防御力や移動力などを変えず、攻撃力だけ2倍にするという大発明だったのです。

　初期の銃剣は銃口にねじ込む短剣でしたが（当時の銃は銃口が大きかったので柄を差し込めた）、それでは銃剣の準備に一手間かかってしまいます。そこで、❶のように銃口の外にはめ込む銃剣が作られました。これなら、銃剣を取りつけたままで発砲できます。さらには、外してナイフとしても使えるように、短剣の取りつけアタッチメントとそれ用の短剣という形になりました❷。現在の銃剣は、これが主流です。

戦列歩兵の登場

　この銃剣をつけた銃兵が、新しい時代の歩兵です。彼らを**戦列歩兵**といいます。重装歩兵の後継者で（といっても、もはや鎧は着けていませんが）、戦場で戦線を作り、進撃して敵の歩兵を破るのが任務です。

　号令に従って、進撃（全員が同じ速度で隊列を維持したまま進む）します❸。敵から100mほどで速度をゆるめて、50mで先頭の列が一斉射撃します❹。横一列ごとに射撃や装填を行ってこれを繰り返します❺❻。そして、敵が混乱したり士気が落ちたりしたら突撃して銃剣で白兵戦を行います。現実には、混乱した側が降伏するか逃げることが多かったようです。

ⒶⒶⒶⒶⒶⒶⒶ　❸ 全軍で進軍
ⒷⒷⒷⒷⒷⒷⒷ
ⒸⒸⒸⒸⒸⒸⒸ

ⒶⒶⒶⒶⒶⒶⒶ　❹ 1列目Ⓐが射撃
ⒷⒷⒷⒷⒷⒷⒷ
ⒸⒸⒸⒸⒸⒸⒸ

ⒷⒷⒷⒷⒷⒷⒷ　❺ 1列目Ⓐはその場で装填
ⒶⒶⒶⒶⒶⒶⒶ　　 2列目ⒷがⒶの前に出て射撃
ⒸⒸⒸⒸⒸⒸⒸ

ⒸⒸⒸⒸⒸⒸⒸ　❻ Ⓑはその場で充填
ⒷⒷⒷⒷⒷⒷⒷ　　 3列目ⒸがⒷの前に出て射撃
ⒶⒶⒶⒶⒶⒶⒶ

　このように17～19世紀に活躍した戦列歩兵は、次の3つの登場で役目を終えます。

- **有刺鉄線**：19世紀後半に有刺鉄線で「鉄条網」064が作られた。これによって、歩兵・騎兵の突撃が非常に困難になった。
- **ライフルと後装式小銃**：19世紀半ばに実用化された2つの発明。ライフルによって射程が大幅に伸び、後装式小銃によって射撃速度が圧倒的に上がったため、戦列歩兵は射撃の的となり、急速に姿を消していった。
- **機関銃**：20世紀初頭に機関銃が実用化された。これによって集団で固まって進撃するという戦列歩兵の戦法が完全に使えなくなった。機関銃座の前で戦列を組むことは、機関銃で一斉に殺してくださいということと同じといえる。日露戦争と第一次世界大戦の無数の兵士の犠牲によって世界はそれを知った。

　ただし近接戦闘においては、現代でも銃剣には一定の需要があります。サブマシンガンの射撃より、銃剣の一撃のほうが早い攻撃となる戦場（屋内など狭い場所）もあるのです。このため、現在でも歩兵訓練の一環として銃剣術は教えられていますし、現代の自動小銃でも銃剣はつけられるようになっています。

散兵
Skirmishers

✚ 面制圧兵器　　✚ 優秀な歩兵　　✚ 国民軍

機関銃への対抗

　19世紀以前の戦争は、戦列を組んだ歩兵（これを密集隊形という）が主で、**散兵**は軽装歩兵のとる隊形にすぎませんでした。そもそも、歩兵が密集隊形になるのは次のような理由があります。

- 🔴 敵を自軍後方に移動させない。
- 🔴 一箇所に加える攻撃力を増やす。
- 🔴 命令を行き渡らせやすくする。
- 🔴 周囲に味方をたくさん存在させることで士気の崩壊を防ぐ。

　このような理由により、密集隊形が歩兵の基本でした。

　しかし、19世紀末に発明された機関銃防衛陣地によって、密集隊形は危険な隊形となりました。❶❷のように、密集している歩兵は機関銃のよい的だからです。ファンタジー世界に機関銃は無いでしょうが、エリアを対象とする攻撃魔法や、ドラゴンのブレス攻撃などはあるはずです。それは、軍事的には機関銃と同じ効果です❸❹。そして、同じ効果に対しては、機関銃に対するものと同じ解答が出せます。

　それが散兵戦（散兵を使った戦い方）です。散兵とは、兵士が間隔を取って

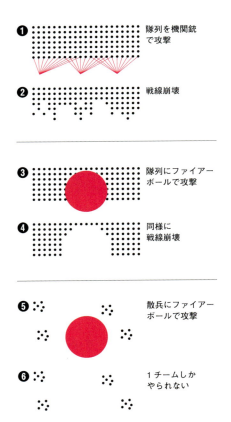

❶ 隊列を機関銃で攻撃

❷ 戦線崩壊

❸ 隊列にファイアーボールで攻撃

❹ 同様に戦線崩壊

❺ 散兵にファイアーボールで攻撃

❻ 1チームしかやられない

広がって存在することです。正確には、数人〜十数人程度の小グループに分かれます。密集しているとまるごと攻撃されてしまうので、密集しないで離れておくことで全体が一度に攻撃されることを防ぐのです❺❻。敵は、こちらの兵士を個別に殺すしかなくなります。それは敵にとっては非常に面倒です。

　しかし、散兵には、次のような問題点があります。それをカバーするために様々な対策が必要です。

◉ **戦線がない**：戦線がないため、敵は、簡単に後方遮断ができる。そのため、自分たちで最低限の補給物資を持っている必要がある。

◉ **火力不足**：単位面積あたりの兵士数が少ないので火力が不足する。このため敵を倒すためには、攻撃力が高いか攻撃の命中率が高くないといけない。

◉ **相互連絡が困難**：少人数グループごとに分かれているので、互いの連絡が難しい。初期の散兵は、連絡がなくても任務を遂行できる非常に高い能力を持った歩兵でなければ実行できなかった。後には、無線機によって連絡可能になり、多少はハードルが下がっている。ファンタジーなら、通信魔法などが欲しい。

◉ **士気の維持**：周囲に味方がいない（もしくは少ない）ので、士気が維持しにくい。通信によって味方の状況などがわかるようにできれば士気が維持しやすい。

◉ **指揮官が多数必要**：ばらばらに行動する小グループごとに、自らの行動を決断しなければならないので、指揮官が多数必要になる。

　いずれの問題点も、兵士の能力が高ければ解決できます。つまり、散兵戦とは、兵士に非常に高い能力を要求する戦法なのです。ナポレオン以降、郷土を守る士気の高い国民軍が成立し、士気の面では全歩兵の散兵化が可能になりました。

　散兵を利用して成果を挙げたのが、第一次世界大戦のドイツ軍です。塹壕戦と呼ばれた延々と延びた陣地を、少人数によってすり抜け、敵後方で補給の破壊や連絡線の切断、司令部の襲撃などを行うという**浸透戦術**は散兵によってのみ成立する戦術でした。

　散兵を使うようになって、軍隊の士官・下士官の比率が上がりました。散兵は、一緒に動く少人数グループ（通常は十数人の分隊）の中に士官・下士官などのプロの兵士が何人かいて、初めてまともに運用できるからです。

　主人公をプロの兵にしても、それに指揮される兵（少年兵もいるでしょう）にしても、少人数ごとに活動する散兵戦は、物語の記述に向いています。

第1章 014 Soldier of Dependency
属領兵

- 二線級
- 従属民族
- 出世

従属部族の出世街道

　帝国ともなると、多くの民族・部族を支配しています。そして、彼らを二線級の兵として利用しています。それが**属領兵**です。彼らの存在は、軍の強大さを表すときに便利です。属領兵の多くは使い捨ての徴集兵ですが、中には成り上がりの道であることもありました。

　例えば、ローマ帝国には正規軍団以外に、**支援軍**（アウクシリア）が存在しました。彼らはローマ帝国の従属部族の民から構成されており、各地の守備隊や、軍団の出陣が必須とはいえない軽い軍事行動などに出動します。もちろん正規軍団が出陣するような戦争でも、軍団の支援を行いました。

　支援軍は、表のような兵科兵種を含みますが、主に軽装歩兵からなります。

基本的にはローマ重装歩兵の劣化版。このイラストは軽装歩兵で、投げ槍を投げた後は、剣を使って正規軍団が側面や背後から攻撃されないように守ったり、逃げ出した敵を追いかけて殺したりする役目があった。

兵科	解説
騎兵	偵察や伝令、側面攻撃や追撃を行う。
軽装歩兵	軍団兵の前で、投げ槍などを使う。
重装歩兵	軍団兵の補助、後期に現れた。
弓兵	遠距離攻撃を担当。シリア弓兵が有名。
投石兵	投石器で石を投げる。

　支援軍は、10個のケントゥリア（80人編制）からなる800人のコホルス（大隊）を基本として編制されます。それより上位の軍団は編制されず、正規軍団に適宜編入されて使われます。大隊の指揮は、軍団からトリブヌス（将校）が派遣されることもあれば、大隊の指揮官（プラエフェクトゥス）が行うこともありました。

支援軍の兵装は正規軍より劣ります。図の兵装は一例ですが、ヘルメットはつけているものの胴体の鎧は厚手の布で、防御は主に盾に頼っています。武装として槍と剣を持っていますが、槍は接敵する前に投擲し、接敵すれば剣で戦いました。他にも、正規軍の重装歩兵がロリカ・セグメンタータ（プレートメイル）になっても、支援軍の重装歩兵はチェインメイルのままだったり、さらにそれすら着ていないことも多くあったのです。

　ただ足元だけは、サンダルの正規軍と違い、丈夫で分厚く靴底に鋲を打ったブーツを履いています。これはローマの支援軍の兵士は、北方のゲルマン民族が多数だったため、寒さ対策や雪道対策が必要とされたからでしょう。

　支援軍の兵士はローマの従属民でしたが、支援軍に従軍して25年の兵役を終えるとローマ市民権を得られます（金銭でも取得可能だった）。しかも、自分だけでなく子孫も含めてです。つまり、被占領国の民が占領国の民になれるのです。この制度のため、支援軍の兵士の士気は高いものでした。兵士たちは子孫のために長い軍役に耐えたのです。

　このような制度があるとはいえ、支援軍の兵士はローマ市民ではないので反乱の恐れがあります。反乱を防ぐために出身地と遠く離れた地域に配備されるのが主でした。

支援軍の使い方

　支援軍は正規軍団に比べて装備が劣るため、正規軍と正面からの叩き合いをすると勝ち目がありません。そのため、多くの場合は、正面衝突以外の方法で使用されます。

● **ペルタスタイと同様の攻撃**：軽装歩兵として働く。鎧が薄いということは、逆にいえば軽くて動きやすいということ。軽装歩兵として飛び道具を主体に戦えば、ペルタスタイと同様の働きができる。

● **乱戦**：支援軍は正規軍よりも数が多い。このため、数の力で押しつぶすという戦法もある。乱戦になれば、兵の質より数のほうが重要になる（ランチェスターの法則）ので、支援軍でも正規軍以上の働きができる。数が多ければ、包囲も可能。

● **城壁の防御**：支援軍は各地の砦や城塞都市の守備隊になることが多い。防備の薄さは城壁が補ってくれるし、弱い弓でも上から射下ろせば強力。

　個人としての支援軍兵士は、装備の劣った普通の兵士です。このため、弱い兵士として扱えばよいでしょう。

民兵、私兵

Non-Military Person

╋ 民間人　　╋ 軍服　　╋ 軍組織

民兵

　現代では、軍としての戦闘は軍組織に参加している軍人のみが行えます。勝手に戦闘すれば犯罪です。しかし特別な条件を満たせば、民間人でも戦闘に参加できます。そのためには、次のような条件を満たす必要があります(ハーグ陸戦条約の要約)。

- 軍隊としての組織があり、命令を発する指揮官がいること
- 軍服や遠くからでも明確に軍に所属しているとわかる徽章などを着けていること
- 武器を隠さないで携帯していること
- 戦争法規や慣例に従った行動を取ること

農民兵：農業用フォークを持った農民。フォークは農具で、鎧などは持っていない。

　この臨時の兵士を**民兵**といいます❶。また、民兵ですらないものの、敵軍が接近しているのに軍が間に合わない場合など地域住民が臨時に武器を取ることも許されています。この場合でも、武器を隠さずに所持していれば交戦者と認められます。

　古代～近世でも、都市が攻められたときなど、都市の住民は民兵となって抵抗しました。なぜなら、都市を占領した軍隊は、必ずといってよいほど略奪を行ったからです。また、あまりにも領主が過酷な統治を行った場合など、農民の反乱が起こることもありました。さらに、領主が地域住民と異なる宗教で、住民の信じる教えを弾圧した場合など、信者による宗教的蜂起もあります。これらも民兵の一種です。

　古代～近世の民兵は、きちんとした装備を持っていません。剣や槍といった武器ではなく、フォークやフレイルなどの農具、薪割り用の斧、狩猟用の短弓など、農機具や狩猟道具などで戦います。もちろん、まともな鎧は着ていません。しかし、士気だけ

は非常に高いものです。彼らはどうしようもないほど困窮しており、死を覚悟しているからです。

民兵による戦いで最も成功したのは、ヤン・ジシュカの指揮した15世紀のフス戦争（キリスト教フス派が、領主の弾圧に対して起こした叛乱）です。ジシュカは、農業用の引き馬荷車に鉄板を張り（**ワーゲンブルグ**＝車の城といいます）、それを並べることで、一種の簡易城塞を作りました❷。その銃眼から、焦らず安全にマスケット銃の射撃ができるので、戦いに慣れていない農民でも活躍できました。ジシュカは、この戦法で当時の最強戦力であった騎士の突撃を何度も破ったのです。

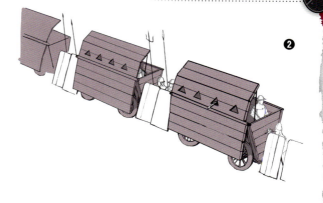

私兵

国でないものが私的に作った軍もしくはその兵士を**私兵**といいます。中近世では、王以外の封建貴族が所有している兵士や傭兵などが私兵です。町や村の自警団のようなものも、私兵の一種に入ります。物語では、悪い貴族に雇われて敵に回ることが多いでしょう。

また、20世紀前半の中国に存在したような軍閥、現在でもあちこちに存在する武装テロ組織、民間軍事会社、麻薬カルテルやマフィアなどの犯罪組織の実働部隊なども私兵の一種とされます。

戦国大名の兵は、当時の日本に（名目上は別として）王に相当するものがいなかったので、彼ら自身が小国の王相当と見なされるため私兵扱いされません。

私兵はスポンサーの財力に応じて、武器防具を揃えています。一般には、正規軍より劣る装備となっていますが、一部の麻薬カルテルのように現地の貧しい政府軍より優れた装備を持っている私兵もいます。

私兵のほとんどは国のためなどといった覚悟はなく、雇われているから金が払われているからという理由で戦うので、不利になったらすぐに逃亡してしまいます。

足軽
Ashigaru

＋日本　　＋長柄槍　　＋戦国時代

日本の歩兵

　足軽は日本の歩兵です。和風のファンタジー世界において、一般の兵士として登場します。鎌倉時代までは騎馬弓兵を守る歩兵として、刀などを持っていました。弓足軽を重視するようになったのは、元寇の影響とされます。大人数で押し寄せる敵の軍勢を遠くから倒すためには、足軽たちにも弓を持たせる必要があったのです。そして持たせてみると実際に強力でした。鎌倉後期から足利時代にかけて、弓足軽が使われるようになります。

　戦国時代になると、これに加えて槍足軽が増えます。弓足軽を白兵戦から守るためです。

　槍足軽の仕事は、長柄槍（ながえやり）を、指揮官の命令通りタイミングを合わせて使うことです。槍の使い方は3種あります❶。

● **叩き**：意外にも、最も多用された。槍を真上に立てて、重力の勢いで上から叩き伏せる。思った以上の威力があり、まともに当たると死亡もしくは重傷になる。足軽部隊同士が前線に出た場合、この叩き合いが始まる。そして耐えきれなくなった側が逃げ出すことになる。かけ声に合わせて全員同時に川の水を棒で叩く**川打ち**（水打ちともいう）はその訓練❷。

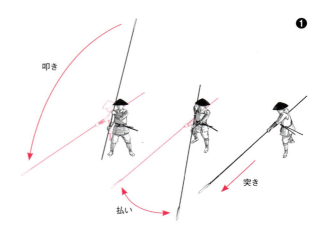

- 払い：敵の足をすくう。騎馬にも有効。
- 突き：前進して攻撃するときや敵が逃げたときに後ろから突き刺す。突く場合、左手は槍を握るのではなく手を輪のようにして添えておき、右手を前後させて突き戻しを行う。このほうが槍をコントロールしやすい。このとき、右手を捻るようにして槍を回転させると強い突きになる。

川打ち

退却するときは、槍を引きずって逃げます。こうすると、追っ手の敵兵士は槍の穂先を踏んでしまったり柄に躓いたりしないように足もとに気をつける必要がでます。追っ手の足が遅くなるので逃げやすいし、追いつかれても真後ろに接敵されにくいのです。もちろん、1人でやっても意味がありませんが、全員でやれば十分に敵の阻止になります。

足軽の運用

足軽の前進後退は指揮官の命令に合わせます。恐怖をごまかすために、陣笠を鼻の辺りまで深く被って敵を見えなくすることもあったようです。

騎馬武者に対する構えは、「スイス傭兵」010 とほとんど同じです。ただ、騎馬が槍と槍との隙間を縫って入り込まないように、わざと槍を交差させて構えることもしました。重要なのは、しっかりと敵を見て真っ直ぐ槍が刺さるように保持することです。こうすると、槍が刺さった勢いで柄がたわんでも、その後真っ直ぐになろうとして、刺さった馬をはじき飛ばすことができます。しかし、恐れて斜めに刺さると、槍は折れて槍衾（やりぶすま）に隙ができてしまいます。すると、そこから騎馬に突入されます。これを**平場の大槍の崩れ**といい、この状況にならないように最前列の槍足軽には特に勇気が必要とされます。

織田信長は、配下の足軽の槍を3間半（6.3m）と異常なほど長くしました。これは、槍の叩き合いのときに敵の槍が届かないところから叩くためです。また、長い槍での叩きは、それだけ勢いも強くなります。もちろん、長く重い槍を使うには訓練が必要ですが、信長は兵農分離による足軽の専業化によって対応しました。

江戸の警察官

　捕手(江戸時代の警察官)は軍人ではありませんが、殺傷力をあえて押さえた珍しい武器を使う兵として、大変興味深いので紹介します。

　敵を殺さずに捕らえる術を捕手術といいます。戦国時代では、敵の武将などを捕らえるために使われました。古流武術では剣術や小具足術などと並び、総合武術の一環として捕手術が教えられました。それが、江戸時代になると犯罪者を捕らえるために同心などの下級役人が学ぶものになったのです。素手の捕手術もありましたが、江戸時代は十手や三道具を使った術が主でした。

　捕手というと、一番に思いつく武器は十手です❶。ただし、彼らが通常持っている十手は真鍮製の長さ1尺(30cm)くらいのもので、刀を振り回す凶悪犯に対抗できる武器ではありません。そういうときには、奉行所に置いてある鍛鉄製の長十手を使います。長さ2尺1寸(63cm)の六角棒で刀をへし折るくらい頑丈でした。

　萎しは十手から鉤を無くしたような単なる棒で、やはり鍛鉄で作られていて長さは1尺くらいです。十手と併用したり、単なる棒として殴りつけたりします。

　萎しを右手、十手を左手に持った構えを双角といい、その中で両方を順手に持つ構えを順手双角といいます。他に、左手を逆手にした卍双角、どちらも逆手の逆手双角、右手のみ逆手の放鷹双角があります。

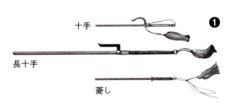

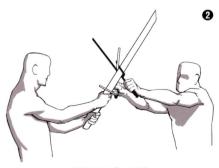

順手双角の「一の型」

順手双角は、脚をハの字に開いて立ち、両手の得物も軽く開いた状態を構えとします。その一の型は、十手で上段から斬りかかってきた刀を捕らえ❷、右手で抜かれないように押さえます。そして、十手を滑らせて敵の鍔を強打し、左へ捻って、萎しで手首を叩いて刀を落とします。

長柄捕具

　小者（奉行所の下働きの町人）など武芸に自信のない人間にとっては、十手で刀に立ち向かうのは恐ろしいものです。

　そこで彼らは**長柄捕具**を使います。槍のような長柄の武器ですが、殺傷力は低く犯罪者を生きて捕まえるためのものです。ただし当時の「生きて」というのは、死にさえしなければよいというくらいの意味です。

　この長柄捕具でよく使われたのが、三道具といわれる次の3つです❸。

- **突棒**：相手の衣服や髪に絡めたり、そのまま胴に当てて押しつけたりする。
- **袖搦**：その名のとおり相手の衣服の襟や袖に引っかけて捕まえる。
- **刺股**：相手の腕や首をはさんで地面や壁に押しつけて動けなくする。現代でも使われているが、現代のものは胴体をはさむように、股が大きくなっている。

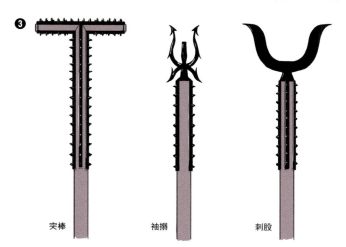

　柄の先端部分が鉄で覆われてトゲトゲになっているのは、相手に刀で切られたり握って奪われたりするのを防ぐためです。

──✦ C o l u m u ✦── 忍者は戦わない

　忍者は、創作では超人戦士として描かれることが多い職業です。しかし、実際には、戦国時代を中心に諜報活動していた人々の名称です。

　実は、戦国時代には「忍者」という呼称はありません。「忍び」「透波」「突破」「細作」「草」など、地方ごとに様々な呼ばれ方をしていました。これは、日本のどこかで「忍者」が養成されていたのではなく、各地において諜報員が必要となり、各地でバラバラに人員を集めていたため、地方ごとに異なったと考えられています。「忍者」という呼称は、明治以降になって、創作に登場するようになった彼らを呼ぶ格好良い呼び名として考えられたものです。

　さらに重要な点は、「忍者は戦士ではない」ということです。彼らは諜報員であって、必ずしも戦いには強くありません。彼らの任務は、他国と自国における情報収集であって、戦闘ではないのです。戦場での役割もありますが、敵の糧食を焼く、敵の進軍路を知らせるといった工作活動が主であり、敵兵と直接戦うような任務ではありません。

　忍者の装備からも、忍者の攻撃力が低いことは明らかです。忍び刀は、刀身が40〜50cmほどで脇差しより短く、しかも直刀に近いほど真っ直ぐなので、斬る攻撃にはあまり向いていません。この武器で槍や太刀を持った武士と戦うと、高い確率で敗北します。

　手裏剣も意外と威力はありません。手裏剣が刺さって次々敵が死ぬのは創作だけです。この程度の刃物では、よほどの急所に当たらない限り死にません。手裏剣は、敵を少しでも傷つけて逃げ出す隙を作るためにあるのです。傷つけられなくても、怯んで避けてくれるだけでもわずかに時間を稼げます。

　秘伝書などに残された忍具を見ても、敵と真っ向から戦うための道具は、一つもありません。あるのは、撒菱のような逃亡の道具、忍び装束のような身を隠す道具、開器のような侵入の道具、両表の羽織のような変装の道具、火薬のような放火の道具などです。敵を殺すための道具であれば毒薬がありますが、逆にいえば、忍者が人を殺せるのは毒薬を使ったときくらいだということです。

　ただし、現代の「Ninjutsu」はまったく異なります。日本にはほとんどありませんが、欧米には「Ninjutsu」は格闘技の一種として広まっています。「Ninjutsu」を教えるマーシャルアーツの流派がいくつもあるのです。ただ、もはや日本古来の「忍術」とは、ほとんど関係のないものになっているようです。

第2章

Cavalry

騎兵

ファンタジーの戦いの中でもひときわ華やかな活躍をするのが騎兵です。立派な馬に乗り、歩兵では不可能な速度で走り回る騎兵は戦場の華です。本章では、古代メソポタミアの戦車から、ナポレオンが使った騎兵まで様々な時代の騎兵を紹介します。

ゲームシナリオのための
戦闘・戦略事典

騎兵の利点

　古代より、ここぞというときに投入された騎兵は戦争を決定づける力があるといわれてきました。しかし、投入時期を間違えると敗北が決まってしまいます。その意味で、騎兵は運用の難しい兵種です。

　その一方で騎兵の有無は戦力の決定的差となります。騎兵の利点は大きく分けて2つあります。

- **恐怖を与える**：騎兵が戦争を決定づけるとされるのは、敵に恐怖を与えられるからである。徒歩の人間にとっての騎馬兵とは、身長2.5～3mくらいの巨人が武器をかかげて時速数10kmで走って襲ってくるのと同じといえる。一部（軍馬と呼ばれる）には自ら敵を攻撃する馬もいたが、そうでなくても十分恐ろしい。
- **機動力が高い**：騎兵はその速さでも戦場を支配する。騎兵は歩兵の何倍もの移動力がある。つまり、兵力を必要とする決勝点（勝敗を左右する重要な地点）へ、騎兵ならば歩兵の数分の1の時間でたどり着ける。戦場以外でも、騎兵の機動力は歩兵を上回る。歩兵が1週間かけて移動する距離を、騎兵なら何日か短い期間で移動できる。馬は歩法によって表のように速度が変わる。

日本の名称	欧米の名称	時速	解説
常歩（なみあし）	ウォーク	6～7km	前脚後脚共に、片方の脚が地面に着いている。
速歩（はやあし）	トロット	13～14km	左前脚と右後脚を同時に前に出す。
	ペース	15km	左前脚と左後脚を同時に前に出す。
駈歩（かけあし）	キャンター	16～27km	前脚後脚ともに、ほんの少しだけずれて動かす。同時に接地する脚は、最大3脚。
襲歩（しゅうほ）	ギャロップ	40～50km	馬の全速力。同時に接地する脚は最大2脚。襲歩では最大2～3kmまでしか走れない。

騎兵の欠点

素晴らしい性能を持つ騎兵ですが、その分だけ欠点もあります。

● **費用がかかる**：馬は高価。また、普段は一日中草を食べているが、行軍中はそうもいかないので、栄養価の高い穀物を食べさせなければならず補給の負担も大きい。このため、豊かな強国でなければ騎兵の大部隊は抱えられない。

● **訓練に時間がかかる**：騎兵は、馬も人も大変な訓練を必要とする。馬は基本的に臆病な動物なので、それを戦いの雄叫びが轟き武器を打ち合わせる金属音の鳴る戦場へと突入させるためには、音に慣れさせてから乗り手の命令に従うようにしなければならない。これには、最低でも1年以上の訓練が必要となる。人間も同じで、馬上でバランスを取りつつ、剣や槍を振ったり弓を射たりしなければならない。しかも、部隊として連携して動きながらなので、最低でも数年の訓練が必要。鐙や鞍の無かった時代は、それこそ生まれたときから馬に乗っている騎馬民族でもなければほとんど不可能だった。

このように騎兵兵力の整備には多くの費用と時間がかかります。一度壊滅すると、再建には莫大な費用と10年単位の期間が必要です。つまり騎兵は戦場の最強兵力でありながら、もったいなくて消耗させられない兵力でもあったのです。

勝敗を決定づける瞬間に投入されて勝利を決める騎兵というと、聞こえはよいかもしれません。しかし勝敗を決定づける瞬間ということは、騎兵が突撃すれば敵は背を向けて逃げる状況だということです。そういうときでないと、消耗が恐くて騎兵は使えなかったというのが本当のところなのです。

騎馬民族は例外です。馬の飼い葉は草原を移動することで賄っており、費用も余りかかりません。そして生まれた直後から馬に乗り続けている彼らは、全員が熟練の乗り手であり、騎射という非常に難易度の高い技術まで持っています。農民を基盤とする国がほとんど騎馬民族に勝てなかったのは、当然といえるでしょう。

ちなみに、銃が発明されてからは、騎馬の訓練がさらに面倒になりました。臆病な馬を、銃声に慣れさせなければならなくなったからです。乗り手がついて、火薬の爆発音を聞かせては脅える馬をなだめるということを繰り返して、銃声に慣らせました。

戦車
Chariot

+ 騎兵以前　　+ 直進　　+ 平原専用

騎兵以前の騎馬兵力

　古代の騎馬兵力は騎兵ではなく戦車でした。馬にひかせた馬車に、兵士が乗って戦うというものです。紀元前2500〜1500年ごろは四輪馬車の時代でしたが❶、前1700年ごろから扱いやすい二輪馬車がだんだん主流になります❷。また、馬の数は4頭のものもありましたが、数が多くてもあまり意味がなく、後には2頭が主流になりました。

　各国ごとに装備は変化しますが、エジプトの戦車では1人が御者で戦闘中は右手で手綱を握り左手で盾を持って自分と味方を守ります（行軍中は盾は下ろす）。もう1人が戦士で弓や投げ槍などの遠距離武器をメインに戦います。さらに近接戦闘に備えて白兵戦武器も持っています。

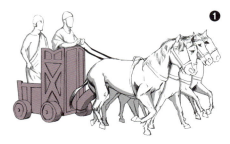
❶

❷

当時の戦車は、タイヤなど無く、またサスペンションもないので、地面の荒れがそのまま乗員に伝わる。非常に乗りにくいものだった。

　戦車の中には大型で3人乗りもあります。その場合は、2人の戦士のうち1人が主に弓を使ってもう1人が長柄武器を使いました。

　もちろん、戦車も隊を組んで使われます。エジプトの戦車隊を例に取ると、戦車10両で一等戦車兵が指揮する小隊、5個小隊で旗手戦車隊長が指揮する中隊、数個中隊で戦車隊指揮官が指揮する大隊を構成していました。戦車は最低でも小隊、大きな戦争なら数個大隊で運用され、1台だけ使われるということはありません。

騎兵 **第2章**

また、戦車の小回りの利かなさを補うために、軽装歩兵ペヘレルが1両に1人ずつ随走します。戦車を走って追いかけ、戦車を後ろから攻撃する敵兵を邪魔します。ただし、戦車が突進すると追いつけませんでした。

戦車の利点と欠点

　戦車の利点は何よりもその質量です。馬2〜4頭に引っ張られた馬車が突撃してくる状況は、騎馬以上に恐ろしいものがあります。それこそ、現代でいうなら生身に自動車が突進してくるようなものです。実際、旧式のシュメールの四輪戦車で時速20kmほど、新しい時代のエジプトの二輪戦車だと時速40kmほども出たようです。

　しかし、戦車には、利点以上の欠点がありました。

- **荒れ地に弱い**：戦車は使える地形が限られる。数10cm以上の岩や穴、切り株のある荒れ地では、車輪が壊れるので戦車は使えない。もちろん山地などの斜面、沼地などではまったく使い物にならない。ただし、軽く作られた二輪戦車は重量が40kg以下なので、人間2人で運ぶことができた。このため、山地などでは手で運ばれた。
- **小回りが利かない**：戦車は小回りが利かない。進行方向を少し変えるのも大変で、急カーブではかなり速度を落とす必要がある。Uターンには、半径数10mの大きな旋回円が必要になる。このため戦車に乗る戦士は、遠距離武器として弓を、白兵戦武器として長柄武器を使い、少しでも広いエリアをカバーしようとするが限度がある。
- **効率が悪い**：戦車を1台運用するということは、馬車を作成し、馬を少なくとも2頭使い、兵士も2人必要ということになる。そのうえで攻撃要員が1人では、あまりにも効率が悪い。コストに比べて攻撃力が低すぎるといえる。

　荒れ地を戦場に選べば、それだけで戦車の脚を封じることができます。城攻めなどにも使えませんし、防衛陣地を作れば戦車を止めることが可能です。そして、操縦性能の悪さが致命的です。走ってくる戦車の走路から数m横にずれるだけで、戦車の攻撃はかわせてしまいます。もちろんそうできないように敵側は、横に戦車を並べて一斉に突撃してきます。しかし、敵戦車が1台しかいない場合の対策は避ければよいのですから簡単です。

　このように欠点の多い兵科なので、戦車が活躍したのは古代の一時期のみです。その後は騎馬に取って代わられます。

51

騎馬民族騎兵
Nomadic Horseman

- 遊牧民
- 騎射
- 特殊技能

騎馬民族の脅威

　世界で最古の**騎兵**は、騎馬民族の兵士たちです。

　古代、まだ鞍や鐙が発達していない時代の乗馬方法は、裸馬にそのまま乗るか、**サドルクロス**（鞍代わりの布）を置くくらいでした。

　このような時代、乗馬は高度な特殊技能でした。太腿で馬体をぎゅっと挟み込んで、落ちないように馬の胴を絞めます。この状態で、馬上で剣を振るったり**騎射**（馬の上で弓を射ること）するには、10年以上の訓練が必要です。

　このため、初期の騎兵はほぼ騎馬民族専用の兵科でした。スキタイ騎兵やメディア騎兵など、すべての遊牧民族は騎馬民族であり騎兵がいました。逆に、騎馬民族にはほとんど歩兵はいません。自軍に追いつけないからです。

　彼ら騎馬民族は、鞍も鐙も無い時代に馬上で平然と戦闘行動ができました。特に、1人で馬に乗って、退却しながら後ろを振り返って矢を放つという戦法は、**パルティアの矢**（Parthian Shot）と呼ばれます❶。ローマ帝国がパルティア王国に苦しめられたことからこの名がありますが、騎馬民族の多くがこの戦法を用いました。

　この戦法には、歩兵や農耕民族の騎兵は対処不能でした。なぜなら、鐙や鞍無しで移動しながら矢を射ることは騎馬民族以外には不

❶

可能なので（ごく少数できる豪傑がいたとしても、軍としては不可能という意味）、騎兵を追いかけても（たとえ農耕民族の騎兵によってでも）一方的に攻撃を受けるだけだからです。

もちろん、小型の馬上弓の射程は歩兵の弓の射程より短いので、騎馬民族騎兵が待ち構えている歩兵に突進してくれれば射程の差によって（最初のわずかな時間だけですが）一方的に攻撃できます。

しかし、騎馬民族騎兵はそのようなことはしません。機動力を活かして、軍のいない（少ない）ところを攻撃し、略奪したらさっさと逃げ出します。農耕民族のような大軍同士の野戦など最初から考えていません。これではかみ合うはずがありません。農耕民族側は一方的に攻撃されるばかりです。

騎馬民族騎兵が突っ込んでくるのは、農耕民族側の戦列が乱れて有効な対応ができなくなっているときか、後方に回り込んで後ろから一方的に攻撃できるときだけです。

また、もし広範囲を攻撃できる手段（エリア攻撃魔法など）があったとしても、騎馬の隊列は兵ごとの間隔が広いので、大人数を巻き込むのは困難だと考えられます。

騎馬民族の欠点

このように騎兵で組織された騎馬民族は強力ですが、彼らにも欠点はあります。

- **城攻めができない**：騎馬民族は騎兵しかいないので、攻城戦を行う兵器をほとんど持っていない。同様に、野戦築城した敵も苦手とする。
- **地形に不得手がある**：騎兵しかいないので、山岳地や沼地など騎兵向きでない地形では、まともな戦闘力を発揮できない。
- **生産性が低い**：騎馬民族の移動する土地は単なる草原であり、そこで羊や山羊などを飼っている。そのため、彼らは広大な土地を必要とする。逆にいうと、同じ面積で生活できる人数が農耕民族よりも圧倒的に少ない。つまり騎馬民族は、農耕民族ほど大規模な軍隊を組織できない。略奪はできても、農耕民族の国を占領し支配するには人数がまったく足りない。支配のためには、農耕民族の一部を支配層に取り込んで支配層の人数を揃えることになる。それは支配層に農耕民族とその思想が入り込むことであり、彼らが騎馬民族でなくなっていくということになる。

このような理由で、騎馬民族が継続的に世界を支配し続けるのは難しいのです。しかし、その機動力と攻撃力から、世界史を揺り動かすテコになっています。

鞍と鐙

Saddle and Stirrup

✚ 技術進化　　✚ 戦術変化　　✚ 騎馬戦力化

鞍と鐙の登場

　もしも現代人が古代にタイムスリップしたら、これを発明するだけで戦争で圧倒的有利になれる品物、しかもさほど難しい技術を必要としない品物の代表が鞍と鐙です❶。これを馬に装備させるだけで、騎兵の戦闘力が数倍に跳ね上がるからです。

　鞍と鐙の無い時代、騎馬戦闘は騎馬民族だけの特技ともいえるものでした。初期の鞍は、騎馬民族も利用していましたが単なる布でした。そのため、現在では**サドルクロス**と呼ばれます。

　木枠のついた固い鞍❷が登場するのは、中国で紀元前2世紀ごろ、ヨーロッパでは紀元1世紀ごろの話です。これによって腰が前後にずれることなく、急に馬が走り出したときに騎手が後ろに滑り落ちるということもなくなりました。

　しかし、真の騎兵革命は鐙の発明によります。鐙がいつ発明されたのか、はっきりとはわかっていません。ただ、最も初期

❶
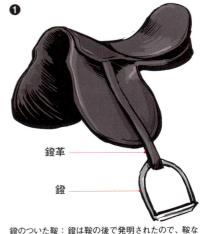

鐙革
鐙

鐙のついた鞍：鐙は鞍の後で発明されたので、鞍なしの鐙だけという状況はまずあり得ない。また、鞍がないと鐙を馬体に固定できないので、発明の順序が鞍→鐙になるのは必然である。

❷
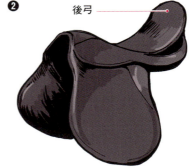

後弓

ヨーロッパの鞍：ヨーロッパの馬術競技などで使われている鞍。映画などで、股間部分に大きな突起がついている鞍が使用されていることもあるが、これはアメリカのカウボーイの使う鞍なので、西部劇ならまだしもファンタジー世界にはあまり似合わない。

54

の鐙として、中国で4世紀初期に陶器の兵馬俑に鐙をつけた人形が残されています（つまり3世紀の三国志の時代に鐙はない）。日本では5世紀ごろに輸入されます。ヨーロッパでは7世紀ごろに東ヨーロッパに入ってきて、8世紀には一般的になります（つまり5〜6世紀のアーサー王も鐙を知らない）。

農耕民族騎兵の強化

　鞍によって、馬の発進・停止時に騎手が前後にずれなくてすみます。つまり、騎兵が急発進・急停止できるようになるのです。鞍によって、馬にあまり慣れていない農耕民族でも騎兵を編制できるようになりました。しかし、まだまだ騎馬民族の騎兵の優越は続いていました。

　鐙のない時代、中国の騎兵は槍を使いました。まっすぐ突くだけなら、馬上でバランスを崩さずにすむからです。三国志で、青龍偃月刀を使う関羽や方天画戟を使う呂布が一騎当千とされるのは、鐙なしで重い武器を振り回して戦うことができるからです。まっすぐ突くことしかできない通常の騎兵に比べ、多彩な戦闘行動（敵の正面から避けて、横を通りすぎる敵を攻撃するなど）が取れたため、一騎当千ができたのです。もちろん、騎射などができるのも豪傑レベルの人間だけでしたから、ここでも大きな差がありました。

　鐙のおかげで、馬上で踏ん張ることができるようになり、関羽クラスの武芸が無くても、長刀や戟など突くだけでなく振り回すこともできる武器が使えたり、騎射したりなど、関羽や呂布のような戦闘行動が取れるのです。鞍と鐙によって農耕民族騎兵でも騎馬民族騎兵と同等の戦闘行動が取れるようになったことは、騎馬民族に苦しめられてきた農耕民族にとって、革命的なことでした。これが、騎兵戦において鐙が超級秘密兵器となる理由です。

　もちろん、騎馬民族も鐙と鞍は素早く導入しました。彼らにとって、騎兵の優越は、生死を分けるポイントです。そして、同じように鞍と鐙を導入すれば、やはり馬に乗り慣れている騎馬民族のほうが優れているのです。それでも鞍と鐙によって、農耕民族と騎馬民族の騎兵能力の差はずいぶん縮まりました。農耕民族側が時には騎兵戦で勝利できるようになったのです。

　この構図はヨーロッパでも同じです。ただ、鐙は騎馬民族がヨーロッパに伝えたもので、初期には騎馬民族だけが鐙を持っていたのです。鐙を持った騎馬民族と鐙を持たない農耕民族では、さらに絶望的な差がありました。

重装騎兵

Heavy Cavalry

+ 重量 + 装甲 + 貴族

速度と重量

　騎兵の突進力は、基本的に速度と重量の積で求められます。しかし、速度と重量は、背反するものです。そこで、どちらを重視するかによって、**重装騎兵**と**軽装騎兵**とに分類できます。

　重装騎兵は、重い鎧を着て、さらに馬にも鎧を着せ、敵に向かって突撃する騎兵です。その重量がある突撃を受け止められる兵はいません。実際、重装騎兵と軽装騎兵がぶつかって、2倍の軽装騎兵が敗北したという戦史も存在します。

　重装騎兵は、古代から中世にかけて1000年以上も使われ続けた歴史の長い兵科です。そのため、時代に応じて改良が重ねられてきました。しかし、その基本は変わりません。

　重装騎兵の特徴は、次の通りです。

10世紀ビザンツ帝国の重装騎兵：胴体はスケールメイル、顔はチェインメイル、頭にヘルメット、馬鎧もスケールメイル。重装甲であるため移動速度は遅く、盾を構えた歩兵の隊列を破れないことも多かった。

- **馬にも装甲がある**：人間だけでなく馬まで装甲で覆った重装騎兵は、遠矢程度では止まらない。ただし、馬が走れる限界内の装甲なので、ロングボウや銃といった大火力の攻撃に対しては、防御力が不足する。重装騎兵部隊がロングボウ部隊に壊滅させられた事例もある。

- **重量がある**：重装甲の騎兵は、通常の軽装騎兵にくらべて1.3倍ほどの重量がある。その分だけ突撃の勢いも大きく、ぶつかった場合には相手が押される。
- **歩兵よりは速い**：軽装騎兵には劣るものの、歩兵よりはずっと速い移動が可能。自転車程度の速度をイメージするとよいだろう。鎧の重さの制限によって、全力疾走はできないので、駈足が限界で襲歩は不可能。
- **弓が使えない**：手まで防具で覆っているため、弓を使えない。このため、重装騎兵の主要武器は槍となる。後に、専用のランスが使われるようになる。

　重装騎兵は、防御力を高めるために盾も使います。本来、盾は馬上でのバランスを崩しやすく、しかも手綱も持ちにくく馬の操作をしにくくするものです。しかし、その防御力は代え難く、苦労して盾を使うようになりました。鎧のないころは、あまり大きな盾は持てないので、直径数10cmくらいの小型盾を使いました。鎧が使われるようになってから、中世騎士が使う盾のような大型の騎乗盾が登場します。

重装騎兵の倒し方

　重装騎兵は、その装甲と重量が最大の利点であると共に最大の欠点です。つまり、装甲と重量が足かせになるように次のような戦いをすれば重装騎兵に勝利できます。

- **坂**：丘の上で重装騎兵を待ち受ける。ただでさえ遅い速度が、坂を登ることでさらに遅くなり、徒歩程度の速度しか出なくなる。こうなれば、その衝撃力は失われて遅いだけの騎兵へとなりさがる。衝突まで時間があるので、何回も矢を浴びせることができる。さらに、槍を構えて攻撃する場合も、遅いので恐ろしくない。
- **泥濘**：泥のような足場の悪い土地に誘い込めば、重装騎兵は沈んでしまってまともに進めない。動けなくなった騎兵は、単なる的にすぎない。
- **野戦陣地**：杭や柵で作られた野戦陣地は重装騎兵を食い止めることができる。止まった騎兵を、陣地の向こうから矢や槍で攻撃する。特に鉄条網は騎兵の天敵といえる。
- **城**：騎兵では城攻めは不可能なので、騎兵も下馬して歩兵として戦うしかない。騎兵の利点を殺すという意味では、籠城も騎兵攻略法の一つ。
- **堅固な歩兵隊列**：重装騎兵は大した速度がないので、堅固な歩兵隊列を組めば隊列の途中で止めることができる。こうすれば馬から引きずり落として捕虜にできる。

騎士

Knight

✚ 貴族　　✚ 騎兵突撃　　✚ 戦術の衰え

中世騎士道

　中世において、重装騎兵が主力兵科だった理由は、軍事的要因だけではありません。馬と鎧を所有できるだけの金銭と、騎兵を訓練するだけの余裕が、領主階級にしかなかったということが一番の理由です。

　騎士は、騎馬兵力であると同時に、領主とその配下であり上層階級です。そして領主階級は、さらなる領地を得るために、自らが主力となる戦争を行います。

　もちろん、重装騎兵が有力な兵科だったというのも理由の一つではあります。

　騎士の戦いの華とされるランスを抱えての騎馬突撃は、11世紀ごろに始まったもので、鞍と鐙によって踏ん張りの利く乗馬姿勢と、厚い鎧による敵の攻撃の無効化・軽減によって実行可能になった攻撃方法です。それまでは、騎馬で接近し、槍や剣で攻撃するというものでした。ヨーロッパでは、騎馬突撃は鐙があって始めて行われるようになったのです。実は、円卓の騎士もクー・フーリンも鐙のない時代の人物なので、槍騎兵(ランサー)ではないのです。十字軍の時代(12～13世紀)には、ランス突撃は行われています。アラブ軍に騎士たちはランスで突撃していたのです。

　中世の末期になるまでは、騎兵の死亡率は大変低いものでした。落馬して転倒した後に捕まっても、身代金を払えば通常は解放されたからです。敵としても、殺すより身代金を取ったほうが儲かるので、できるだけ殺さないようにしていました。

　これが変わるのは、大砲の発達により、攻城戦が簡単になってからです。支配都市を占領されると金銭的に破滅なので、殺してでも止める、殺してでも占領するという戦いが発生するようになったのです。

騎士時代の戦争

　騎士が戦争の主役だった時代、歩兵の比率は兵員数によって差がありました。

数千人以上	国家間の戦争であり、兵の大半は歩兵。
数百～千人程度	貴族同士の戦いで、騎士が過半数。
百人くらいまで	騎士同士の戦いなどで、ほぼすべて騎兵。これが騎士物語の戦い。

　これは、当時の歩兵が傭兵か徴集した農民だったからです。傭兵は金がかかり、農民は収穫に悪影響が出るため、必要最小限に留められます。それに対し、騎兵は騎士とその従騎士たちなので、自前で戦争準備をするので金がかかりません。

　どの規模の戦いでも、中世の戦いは騎士の突撃によって勝敗がほぼ決まります❶。中世の騎兵を主力とした戦争は、次のような経過を経ます。

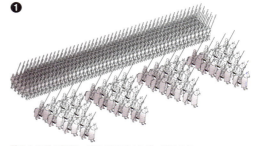

騎士と歩兵の陣形：後ろの隊列は歩兵で横陣を組んでいる。前の隊列は騎士でくさび形陣形を組んでいる。

1. **騎兵の突撃**：敵味方が騎兵を繰り出して衝突する。敗北した騎兵は、逃げるか捕虜になる。もちろん、敵に騎兵がいなければ、騎兵のいる側の勝利となる。
2. **勝利した騎兵の再突撃**：騎兵戦で勝利した側が、さらに騎兵で敵歩兵に突撃する。敵歩兵は混乱に陥る。
3. **歩兵の突撃**：混乱した敵歩兵に味方歩兵を突撃させる。混乱した敵は、まともに対応できず撃破される。

　歩兵がいても、1の時点で騎兵戦に負けた側が、士気が下がって逃げ出すか、降伏してしまうことが多かったようです。

　中世ヨーロッパは、文明が衰えており、戦術的に見るものはあまりありません。騎士の武勇が戦いの勝敗を決めるという世界です。

　そうはいっても、騎兵戦力が劣る側も対策はします。例えば、味方騎兵にわざと逃げさせて、敵騎兵に追いかけさせるというものです。そうして時間を稼いで、敵騎兵が帰ってくるまでに、味方歩兵によって敵歩兵を撃破するという作戦です。

　騎兵兵力でローマに劣ってしまったハンニバルが、ザマの戦いでこの作戦を用いました。しかし、成功率は高くなく、ハンニバルもあと少しで敵歩兵を撃破できそうなところで、帰ってきた敵騎兵に味方歩兵の後ろを攻撃されてしまい、敗北しています。

竜騎兵
Dragoon

- 銃
- 突撃
- サーベル

銃を持つ騎兵

フランスの竜騎兵：銃の中心を革紐で鞍に結びつけてあり、革紐を着けたままで射撃を行う。射撃後は、ポケットに銃床を差し込んで固定する。そして、左腰のサーベルを引き抜いて戦う。

銃が進化することによって、16世紀ごろには重装甲は無意味となりました。人間が着けられる鎧では、銃弾が防げないことが明らかになったからです。銃弾は避けるしかないので、できるだけ銃弾に身をさらさないでいることが重要になりました。

17世紀ごろには、すべての騎兵は鎧を減らします。重装騎兵といっても胸甲を着ける程度（胸甲騎兵ともいう）で、軽装騎兵は単なる軍服だけです。鎧を軽くすれば、馬の速度が速くなり、銃弾に身をさらす時間が少なくなるからです。そして、兵と兵とが接触する混戦になると、もはや銃は使えなくなり、従来通りの白兵戦が行われるようになります。

そして、突撃の際に、こちらだけが銃撃を受けるのは苦しいということで、18～19世紀には**竜騎兵**が登場しました。竜騎兵は、拳銃や騎兵銃（歩兵銃と比べて短く、その分射程が短いが、騎乗でも扱いやすい）と、剣（サーベル）を使う騎兵です。火を吐く騎兵というところから竜騎兵（ドラグーン）と呼ばれるようになったとされています。彼らの戦闘は、次のような手順で行われます。

1. **突撃**：騎兵突撃を行いながら、銃を発射する。この射撃で敵を倒せれば幸運だが、それよりも敵を混乱させることが主目的。突撃中に次弾の装填はできないので、銃は基本的に1回しか撃てない。

2. **接敵**：その後にサーベルに持ち替えて敵軍に突入する。この時代には、兵士は胸甲くらいしか身につけていないので、中世のような殴りつける剣ではなく、サーベルのような曲刀で切れる剣が使われる。

竜騎兵の攻略法

竜騎兵対策には、**塹壕**と**機関銃**が有効です。

塹壕に入ると、全身のほとんどが地面の下に入るので、竜騎兵の銃はほとんど何の意味もありません。頭は出るのでヘルメットはかぶっておいたほうがよいでしょうが、身体に銃が当たることはありません。

次に、接近戦になったとします。塹壕の外にいる竜騎兵はサーベルしか持っていないので、塹壕内にいる歩兵には攻撃が届きません。逆に、塹壕内の歩兵は、銃剣なり槍なりで騎馬の足下を攻撃できます。そして、騎馬を傷つけて落馬させられた竜騎兵は、単なる倒れて苦しんでいる歩兵にすぎません。

塹壕内に、騎馬で入り込んできたらどうなるでしょうか。塹壕は狭いので、馬は向きを変えることができません。つまり、後ろから馬を攻撃し放題なのです（後足で蹴られないように注意する必要はある）。そして、馬を失った竜騎兵は、やはり歩兵にやられてしまうでしょう。

このように、塹壕があれば、竜騎兵の利点はほとんど殺せます。

もう一つの対策が、19世紀後半に発達した機関銃です。竜騎兵は、突撃して接敵するという手順を必要とします。そこで、突撃の途中で大ダメージを与えて、突撃そのものを失敗させるために機関銃を使います。大量の弾丸をばらまくことで、突撃してきた騎兵を壊滅させるのです。竜騎兵相手ではありませんが、日露戦争の奉天会戦において、秋山好古が指揮する騎兵部隊は馬を下りて、攻めてくるコサック騎兵に対して機関銃を主力とする射撃戦で応じました。これによって、自軍の倍はある敵の攻撃を耐えきったのです。

ファンタジー世界でも、機関銃に相当する攻撃方法（魔法やブレスなど）があれば、騎兵突撃を壊滅させられるでしょう。

025 Hussar
ユサール
Hussar

✚ 復古　　　✚ 槍騎兵　　　✚ 驃騎兵

槍と銃を持った騎兵

　ユサールは、日本語では**驃騎兵**ともいいます。銃と槍を持った騎兵で、竜騎兵に似た兵科です。

　特にポーランドのユサールを**フサリア**といいます。フサリアは、巨大な羽根飾りを背負っていることでも有名で、その姿から**有翼衝撃重騎兵**ともいわれます。羽根飾りは単なる飾りではなく、モンゴル騎兵が対騎兵武器として投げ縄を多用したことから、羽根で身体を大きくして投げ縄を引っかけにくくしたのが始まりとされています。

　羽根飾りは、最初は背中に背負っていましたが、最速で馬を走らせているときの風圧に耐えられないため、鞍に穴を作って差し込んで固定するようになっています。

ポーランドのフサリア：後ろの羽根は鞍に固定されている。手には長槍を持っている。

　ユサールは、竜騎兵と同じく、銃を撃って混乱する敵歩兵の隊列に飛び込んで殲滅するのが任務です。このような攻撃方法は、歩兵の持つ銃による防御射撃によって衰退したと考えられていましたが、ユサールはそれに成功すると共に、16～17世紀において最強を誇りました。ほぼ3倍の敵歩兵を殲滅するのがユサールの普通で、キルホルムの戦いでは10倍以上の敵を殲滅したとされています。

　ユサールは、次のような戦術によって成果をあげることができたのです。

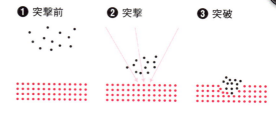

1. **散開**：ユサールは、突撃前は散開している❶。このため、敵は集中射撃による撃破ができない。そして、散開したままで敵に突撃を開始する。

2. **混乱**：突撃の途中（まだ散開したまま）、敵の射撃タイミングに合わせて先制射撃を行う。もちろん、騎乗射撃の命中率は、歩兵より低い。しかし、敵から射撃を受けつつ冷静に反撃の射撃ができる兵士はほとんどいない。敵歩兵を混乱させるだけでも十分な成果となる。

3. **集中**：散開したユサールは、突撃するにつれて集合していき❷、激突寸前には、肩がふれあうほどに集中している。これによって、敵の隊列の一箇所に大きな衝撃を与えて撃破できる❸。そして、その勢いのまま、敵後方へと突破する。

このように、騎馬の機動力を活かして、敵の射撃タイミングを外します。そして、敵隊列の一部を撃破し、敵の動揺を誘いつつ後背へと回り込みます。こうなると、敵は挟撃を恐れて逃げ出すしかなくなってしまうのです。

ユサールの弱点

ユサールの弱点は、どんなに散開していても、敵に攻撃する寸前には集中していなければならないという点です。

目の前で突撃してくる敵騎兵がいるとき、しかも自分たちが射撃を受けているとき、冷静に引きつけて、敵が集中したタイミングで射撃できる兵士は、ごく少数ならいるでしょう。しかし、ごく少数の兵士では、数騎のユサールを倒せるだけで、ユサール部隊そのものを止めることはできません。ユサール部隊を止めるためには、それを全軍で行わなければなりませんが不可能です。

ユサールは、16〜17世紀最強の部隊として、最後まで負けませんでした。しかし、それを支える東欧社会の衰退によって、高価なユサールは維持できなくなりました。ユサールは儀礼用の少数部隊となり、安上がりな**ウーラン**（ポーランド軽槍騎兵）が編制されました。ウーランは、第二次世界大戦期まで残り、ドイツ軍に突撃して壊滅しています。

騎馬武者
Kiba-Musha

✚日本 　　✚和弓 　　✚大鎧

重装弓騎兵

平安後期から室町時代にかけて、日本の武士は主に**騎馬武者**として戦いました。彼らは、世界的にも珍しい**重装弓騎兵**（重装甲を着て弓を使う騎兵）です。

このような特殊な兵科が発達したのは、**大鎧**と**和弓**という、日本独特の兵装によるものです。

大鎧は、兜を含めると約30kgもある重装甲です。そんな重装甲であっても、日本の鎧は手をむき出しにしています。装甲が覆っているのは手の甲までで、指は出ているので、弓を使う

鎌倉時代の騎馬武者：大鎧（鎌倉時代の、戦国の鎧より大袈裟な鎧）を着ていて、弓を手にしている。左腰には太刀（刃が下向きになるように着用している）。

ことができます。もちろん、その分だけ手の防御は弱くなってしまいますが、日本の武芸は力よりも技を重視するものが多く、手が出ているほうが槍や刀を使うときも有利なのです。

次に和弓です。和弓以外の弓は、矢を弓の上下の中央に置いて引きます。この仕様の弓は、サイズが大きくなると騎射に向きません。馬に座っているので、弓の下端が腰より下にあると、前を向いて射ることができないのです。腰まである位の弓であっても、鐙を踏ん張って立ち上がれば前を向いて射ることもできます。しかし、左右で射

分けるときにいちいち弓を大きく持ち上げて馬体を越さなければならないので、どうしてもタイミングが遅れます。このような問題のため、西洋の騎兵はせいぜい1〜1.2m程度の小さな短弓を使いました。

しかし、和弓は下から3分の1くらいの位置に矢を置いて引きます。このため、弓の大きさの割に下側が小さくなり、騎馬中でも大きな弓が使えます（通常の短弓の1.5倍ほど）。さらに、西洋の弓では矢を顎のあたりまで引いて射ますが、和弓では矢を耳の後ろまで引きます。つまり、大きな弓をより大きく引いて射るわけで、騎射の威力が大きいのです。

このような特殊事情により、重装甲で歩兵並みの大型弓を騎射する騎兵という、世界的にもまれな兵科ができました。これが日本の騎馬武者です。

騎馬武者の戦い

騎馬武者は、武器として、**和弓**、**太刀**（平安から室町にかけて使われた大きめの刀）、**腰刀**（腰に差す鍔のない短刀）を持っています。それぞれ、騎射戦、打物戦、組討戦を行うための武器で、基本的にはこの順序で戦いが進みます。

1. **騎射戦**：戦いは、和弓による遠距離攻撃から始まる。こちらが攻勢を取る場合は、突撃しつつ射る。または、右翼から敵の背後に回り込みつつ射る。騎射では自分の右側を射ることができない（右前方くらいなら可能）ので、敵を左に見ることができる右翼側から回り込むことになる。守勢の場合は、射撃しつつ待ち受ける。いずれにせよ、白兵戦武器が役に立たない間にできるだけ多くの敵を倒すことに努める。
2. **打物戦**：太刀が届く距離になったら打物戦に入る。武器交換の時間が必要なので、ぎりぎりまで弓を射ていると、敵から一方的に攻撃されてしまう。基本的には騎乗したままで太刀を使うが、落馬した場合でもその場で太刀を抜いて歩兵として戦う。
3. **組討戦**：相手が転倒していたら、馬から下りて（もしくは落ちて）、腰刀で敵の首を狙う。勝利したら、そのまま首を取る。騎射戦や打物戦で勝利して相手が倒れた場合は組討戦にはならないが、太刀で首を切るのは不便なので腰刀を使うのは同じ。

つまり、鎌倉時代の騎馬武者は、遠距離から格闘まで、すべてを1人で行う個人戦主体の兵科でした。様々な兵科を同時運用して、より大きな成果を上げるという「諸兵科連合」**085**という思想はなかったのです。

騎馬武者（戦国）
Kiba-Musha

✚ 戦国時代　　✚ 槍騎兵　　✚ 輸入品

騎射騎兵が槍騎兵へ

　鎌倉時代までの「騎馬武者」026 は、弓を持つ騎射騎兵が主流でした。馬を御しつつ弓を射る騎射は習得に時間のかかる高度な技術でしたが、鎌倉期までの専業の武士はそれを身につけるだけの時間を持っていました。

　しかし、弓が歩兵のものとなっていくと、騎射のような習得の難しい技術（＝できる人数が少ない）は戦争の中で主流ではなくなります。足利時代には、騎馬武者の武器は、長巻などの長柄武器になります。しかし長柄武器は刀身部分が大きくて重たく扱いにくかったため、戦国時代になると長さは変わらず軽くて使いやすい持鑓（「槍（武者）056」）で戦うようになりました。大きな太刀は、一回り小さな打刀となり、予備武器の扱いです。

　こうやって生まれた、槍を主武器とする騎馬武者が、戦国時代の騎馬武者です。装備もその運用も、ヨーロッパの重装騎兵に似たものになりました。

　騎馬武者の使う馬上鑓は1間〜1間半（1.8〜2.7m）くらいが普通です。中には、本田忠勝の蜻蛉切のような3間半（6.3m）と伝えられる大鑓もありました。ただ、忠勝が蜻蛉切を馬上で使ったのか徒で使ったのかは、はっきりしません。

　戦国時代以降に、敵に一番に攻撃した人間を**一番槍**と呼ぶのは、当時の主武器が槍だったからです。ただし、武芸のことは**弓馬の道**とも呼ばれます。これは戦国時代でさえ、銃の登場以前は、弓による死傷者が他の死傷者より多かったからです。

　太刀が打刀になったのは、予備武器は邪魔にならないようにすべきだからです。基本的には、武士が徒武者（馬に乗らない徒歩の武者）であっても、槍で戦います。刀より槍のほうが強いからです。**剣道三倍段**（剣道は素手格闘技の3倍の段に匹敵する）という言葉がありますが、これは**槍術三倍段**（槍術は剣術の3倍の段に匹敵する）が元になった言葉だといわれています。合戦で打刀を使っているというのは、槍を失って不利な状況にあるということです。

	太刀	打刀
刀身	2～3尺（60～90cm）。それ以上は大太刀といい、最長10尺（3.3m）のものまである。	2尺～2尺3寸3分（60～70cm）。
履き方	刃が下になるようにして、足緒という紐で腰にぶら下げる。	刃が上になるよう腰の帯に差す。
白兵戦	主武器として使う。	主武器は槍なので予備の武器。

ヨーロッパの鎧が流行

　戦国時代になると、大きくて高価すぎた大鎧が廃れて、大量生産に向いた**当世具足**が流行します。当世とは現代という意味で、当時の武士にとっては、古臭い大鎧と異なる現代の鎧だったのでしょう。しかも、大鎧が小札（鉄や革の小さな板で横4cm縦7.6cm）を2,000枚近く綴り合わせたものであるのに対し、当世具足は板札（小札の横1列分を1枚の板にしたもの）を上下につなぎ合わせたもので、生産性が上がったうえに、頑丈になりました。その代わり、そのままでは脱着がしにくくなったので、脇の蝶番で、前後が大きく開くように作られています。

　さらに、安土桃山時代になると、ヨーロッパの鎧や兜も輸入されます。1枚の鉄板で作られた胴鎧は、動きにくくはありますが、日本の鎧よりずっと装甲が厚いので、遠くからなら鉄砲の弾も止めることができました。有力な大名は、これら南蛮鎧や南蛮兜を使っていました。❶は、榊原康政の南蛮鎧を参考に描いた架空の鎧です。後には、南蛮胴に似た一枚鉄の和製南蛮胴が日本でも作られるようになりました。

　ちなみに、信長の南蛮胴として現在残っているのは、17世紀の作で子孫が作ったものです。信長が活躍していた時代、まだ南蛮鎧は日本に輸入されていません。南蛮胴の信長は、新しもの好きだった信長から想像された、後世のイメージです。

❶

→ + ✦ Columu ✦ → ← 騎馬軍団は存在した

　戦国時代は、和風ファンタジーの舞台として最も多用されます。その主役といえば、**武田騎馬軍団**などの騎馬武者たちです。しかし、日本には騎馬軍団は存在しなかったという説があります。日本原産馬は小さく、体高（肩までの高さ）が130cmほどしかない（サラブレッドは160cm以上）ので、鎧を着た大人を乗せての戦闘機動はできないという説です。

　しかし、この説には誤りがあります。騎馬突撃を行っていた近世ヨーロッパの馬も、体高は日本の馬より小さく120cmほどしかなかったのです。これで突撃できていたのですから、日本原産馬ができないとはいえません。

　日本原産場は、サラブレッドに比べれば体高は小さく胴体も脚も太くて、脚の速さも劣っています。しかし平原しかまともに走れず、少しの凸凹で脚を痛めるサラブレッドは、競馬に特化しすぎた馬なのです。日本のように高低差が激しく地面も荒れている土地での戦闘であれば、日本原産場のような鈍重でも足腰の丈夫な馬のほうがはるかに有利です。

　日本原産場の走る速度は時速20〜30km程度ですが、騎馬に乗った人間の頭の位置は2mを軽く越えます（当時の男性の平均身長は150〜160cmほ

ど）。自分たちより頭2つ〜3つ高い巨人が、武器を持って集団で走ってくるところを想像すれば、この集団の前に立ちふさがる勇気が出せないのも理解できます。

　次に、騎馬は指揮官のもので、軍団として運用できるほどの数は無かったという説があります。通常の在地領主は、騎馬武将と数人の足軽で戦に参加するからです。ですが、当時の一次資料にも**馬足軽**や**一騎衆**といった単語が存在します。馬足軽とは馬に乗る足軽で、一騎衆とは足軽を伴うことができず自分と馬だけで参加している下級武士のことです。

　また、騎馬軍団の一部が足軽でも構いません。通常の在地領主の集団に一騎衆や馬足軽などを加えて騎馬の比率を増やし、彼らを編制し直して、騎馬集団＋足軽集団として運用することは普通に行われていました。騎馬突撃で敵陣に穴を開け、続く足軽で穴を確保するという戦術は、騎馬兵力の理に適った運用です。北条家の記録を見ても、とある1,500人の部隊で500人が騎馬だという記述もあります。全員が騎馬ではありませんが、このような比率の部隊なら騎馬軍団と呼んでもよいでしょう。

　確かに、ヨーロッパの騎兵隊のような、全員が騎兵の騎馬軍団は、日本には存在しませんでした。しかし、騎馬武者の突撃力を利用して、それを足軽で支援するという形の軍隊は存在しました。やはり騎馬軍団はあったといってよいのではないでしょうか。

第3章

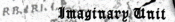

架空兵科

ファンタジー特有の、現実には存在しない兵科。これらを不自然なく使いこなせれば、ファンタジーにおける戦いをリアルに表現できます。そのためには、架空の兵科が何のために必要とされ、どんな戦場に登場し、どう使われるかを、考えなければなりません。そのための方法論について、いくつかの例を挙げつつ解説します。

ゲームシナリオのための
戦闘・戦略事典

架空兵科
Imaginary Unit

存在しない兵科の作成

　ファンタジー世界での戦いを描くなら、現実には無い架空の兵科を登場させたいと思います。しかし、架空兵科を活躍させるのは簡単ではありません。例えば、人魚や半漁人による水中部隊など、現実には存在しません。しかし、シナリオにそれを登場させるなら、兵科ごとに戦法を考え、記述しないといけないのです。

　そこで、類似兵科から類推する方法を使います。その場合、次の3点の類似に着目します。3点とも同じ兵科を参考にする必要はありません。戦力に関しては○○兵科、機動力に関しては△△兵科と、別の兵科を参考にするのです。

戦力	どのような攻撃が、どのくらいの強さで行えるか。また、戦闘時の利点は何か。
機動力	部隊を、基地から別の基地へ、基地から戦場へ、戦場から別の戦場へと移動させる能力。戦場での移動能力だけではない。
兵站負荷	運用に必要なコストや、メンテナンスに必要な手間。

　参考にするのは中世の兵科とは限りません。魔法などの特殊な力をもつのであれば、同様の能力をもつ現代の兵科が参考にできます。

架空兵科の例

　実際に、いくつかの架空兵科を考えてみましょう。もちろん、あくまで一例です。世界設定によって変える必要があります。

　まず、馬の代わりに、大きなダチョウのような二本脚の鳥に乗った鳥騎兵を設定してみましょう。

戦力	二本脚なので、騎馬よりも打たれ弱いと考えられるが、それ以外では騎馬と同等の戦闘が可能。重装騎兵のような重装備はできないと思われるので、軽装騎兵として使える。
機動力	馬と同等だとすると、騎兵と同等の機動力だと考えられる。2本脚なので、山地でもそこそこの移動力を持つ。
兵站負荷	鳥なので、騎兵の馬よりは粗食に耐える。

　こう考えると、鳥騎兵は、安上がりで、しかもある程度の山地なら山越えもできる騎兵と設定できます。山地や隘路を経由して、敵の背後に回り込み急襲する軽装騎兵部隊として運用することになるでしょう。

　次に、ゴブリンのような知能の低い人間型生物を部隊として使うことを考えます。

戦力	隊列を組んだり、命令に従って繰り引きする知能はないので、突撃を命令して放置するという攻撃にしか使えないと考えられる。個体としての戦闘能力は人間の歩兵並みにある。
機動力	普通に歩くので個体の移動力は歩兵並みといえる。しかし、命令をきちんと聞くという訓練が為されていないと考えられるので、統率のとれた進軍はできない。結果、機動力は歩兵に劣る。
兵站負荷	人間よりも雑食だと考えられるので、人間の歩兵より兵站負荷が低い。

　こう考えると、ゴブリン部隊は、損耗覚悟で囮や前衛に使う兵科と設定できます。機動力に劣るので、国の反対側から連れてくるといった運用には向いていません。

　最後に、ハルピュイア（人面鳥身）のように空が飛べる種族を考えてみます。

戦力	戦力的には、第一次世界大戦の航空機程度。ハルピュイアではあまり重いものは運べないし、地上に降りたら人間の兵にも勝てない。それでも、上空から石（爆弾なら尚良し）を落としたりするだけで、地上部隊への嫌がらせになる。また、上空から偵察するだけでも意味がある。空への攻撃手段は限られるので、その意味では防御力も高い。
機動力	空を飛べ、たいていの場所に降りることもできるので、ヘリコプター並みの機動力はある。
兵站負荷	鳥に近いので、人間より粗食に耐えるし、食べる量も少ないと考えられる。人間の歩兵より兵站負荷が低い。

　こう考えると、ハルピュイアは、上空から遠距離武器で地上部隊に嫌がらせをする、空飛ぶ軽装歩兵として運用する兵科と設定できます。

魔法使いの役割

　ファンタジー作品において、**魔法使い**がどんな役割を持っているかは、作品ごとにまったく異なります。しかし、ファンタジー作品の戦闘における魔法使いは、大きく3つのタイプに分けられます。

- **砲兵型**：近接戦闘力は弱く、その代わりに遠くから大火力の攻撃魔法をぶつける魔法使いです。近代戦における砲兵と同様の役割を持っています。
- **超戦士型**：魔法で敵を倒すのではなく、自らを強化して、前線で戦士として戦う魔法使いです。魔法を使える戦士と考えたほうがよいかもしれません。通常の魔法使いと区別するために、「魔力」ではなく「気」で戦うことにしている例も多くあります。
- **戦車型**：自らを強化して前線で戦うと同時に、強力な火力の魔法で敵をなぎ払う魔法使いです。火力・装甲・移動力などすべてにわたって高レベルでまとまっている、まさに人間戦車です。

　作品作りを行う前に、今回の創作における魔法使いの役割がどれに相当するのか決めておくべきでしょう。なぜなら、これによって魔法使いの戦い方も勝利の方程式もまったく変わるからです。

　もちろん、一つの作品に、役割の違う魔法使いが登場してもかまいません。ある魔法使いは砲兵型で、別の魔法使いは超戦士型であっても問題ありません。

　この項では、まず砲兵型魔法使いについて考えます。超戦士型と戦車型については、「魔法戦士」030 を見てください。

砲兵型魔法使いの役割

　砲兵型魔法使いは、次のような特徴を持ちます。

- **呪文が使える**：様々な呪文を使える。派手な攻撃魔法は、ファンタジーの花形といえる。特に、エリアごと攻撃できる攻撃呪文は、一度に多数の兵を討つことができ、弓矢や剣で単体しか攻撃できない戦士に比べて、圧倒的な攻撃効率を誇る。
- **装甲が薄い**：分厚い鎧を着ることができない。また、呪文の詠唱には精神集中が必要という制約を与えることも一般的。この場合、詠唱中に戦士に接近されると、精神集中が途切れて呪文を続けられない。そして、攻撃を受ければあっという間に殺されてしまう。
- **智恵をもつ**：魔法使いは、学問に精通していると設定することが多く、賢者を兼ねることも多い。このため、軍師として指揮官の側にいることが多い。

そう考えると、指揮官の命令で即座に強力な火力援護ができる魔法使いは、現代でいう司令部直属砲兵に相当すると設定できます。砲兵型魔法使いは、現代の砲兵と同じく、魔法（砲撃）に専念できる環境が必要です。接近戦に巻き込まれた時点で、魔法使い（砲兵）は敗北してしまいます。このため、味方の戦士（歩兵）によって守られなければなりません。

このように、戦士に守られている魔法使いを倒すには、次の図のような方法が考えられます。いずれも、攻撃力は高いが、防御力に欠ける魔法使いの欠点を突こうとするものです。

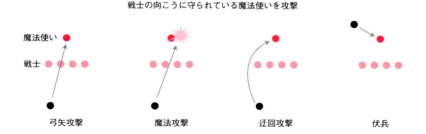

戦士の向こうに守られている魔法使いを攻撃

弓矢攻撃　　魔法攻撃　　迂回攻撃　　伏兵

魔法使いに呪文を無駄に使わせ、間接的に無力化する方法もあります。魔法使いは、大きな呪文を使うと魔力を消耗し、しばらく魔法が使えなくなると設定することが一般的です。指揮官・魔法使い・精鋭部隊の配置を誤認させ、味方のいない場所、魔法防御が十分な場所、捨て駒部隊のいる場所などを魔法攻撃させることで、魔力を枯渇させるのです。

第3章 030 Magic Knight
魔法戦士
Magic Knight

+ 戦車　　　+ 万能　　　+ 強すぎ

ファンタジーの万能選手

　防御力を兼ね備えた魔法使いは、ファンタジーにおける万能選手ともいえる兵科で、**魔法戦士・魔法騎士・魔法剣士**などとも呼ばれます。「魔法使い」029では、超戦士型魔法使いと戦車型魔法使いと分類しました。

　超戦士型魔法使いは、通常の戦士と同じように前線で戦えます。魔法で強化されていない場合は通常の戦士並かそれ以下の強さ、強化されれば通常の戦士以上の強さと設定すると差別化ができるでしょう。前線で戦わせ、魔力を使い切ったら後方に下げます。砲兵型魔法使いの護衛程度の軽い仕事をさせながら魔力回復に努めさせる役割が向いています。

　戦車型魔法使いは、超戦士型に加えて、砲撃型魔法使い同様に遠距離攻撃魔法も使いこなす設定です。攻撃力・防御力・機動力などすべて高いレベルにあり、ほぼどんな状況でも活躍できる強い兵科で、近代戦でいうならまさに戦車に相当します。

　第二次世界大戦における戦車は、地上における最強兵科でした。戦車を足止めできるものは、大規模な砲兵か航空攻撃くらいです。戦車型魔法使いも、歩兵・砲撃型魔法使い・弓兵・その他、ほとんどすべての兵科に優る最優秀の兵科といえます。

　しかも、攻撃魔法は戦車砲と違って、対空戦にも使えますから、空からの攻撃にすら無防備ではありません。戦車最大の弱点といわれる対空戦にまで対応しています。

　さらに、兵站負荷は人間と同じですから、戦車よりもずっと兵站の消費が少なくてすみます。

　つまり、戦車型魔法使いは戦車の欠点をなくした完璧な部隊といえます。バランスを取るために、多くの場合は、非常に高い資質が必要といった理由で、数を揃えることが難しいと設定します。

戦車型魔法使いの使い方と対処

　戦車型魔法使いは万能選手ですから、どんな戦場でも活躍できます。魔法を使いつつ、装甲があるという利点は、非常に大きく、ほとんどの戦場で主役を張る活躍ができます。海戦ですら、海に落ちない呪文（飛行、水上歩行など）や落ちた場合の対処呪文（水中呼吸など）があると設定しておけば、鎧を着たままで「移乗戦」**095** が行える分、圧倒的な強さを見せられます。

　あまりに便利すぎて、他の兵科の活躍場所を奪ってしまうので、物語上の使いどころが難しい兵科です。そこで、次のような制限を設定することになります。

- ◉ **専門兵科より能力を制限**：総合力としては優れているが、魔法だけなら魔法使いに少し劣り、剣技だけなら戦士に少し劣る。両方できる分だけ、どちらの能力も中途半端な強さにする。
- ◉ **魔力を制限**：魔法が使えるときは戦士以上に活躍できるが、魔力が切れたら弱体化するようにする。
- ◉ **魔法を制限**：呪文体系を身体強化や武器強化などに特化させ、超戦士型に近づける。

　では、戦車型魔法使いが敵に回った場合、どう対応すればよいでしょうか。魔法において魔法使い並、戦技において戦士並という一般的な設定で考えてみます。

- ◉ **戦車型魔法使いで対抗する**：戦車には戦車を当てる。最も正統的な方法。ただし、戦車型魔法使いは希少な人材なので、つぶし合うのはもったいない。
- ◉ **砲撃型魔法使い＋戦士で対抗する**：砲撃型魔法使いや戦士は、戦車型魔法使いより数が多いと考えられる。戦士に魔法使いのサポートをつけて対抗する。
- ◉ **数で対抗する**：数の力で押しつぶす。ただし、エリア攻撃魔法で一掃されるのを防ぐために、戦車型魔法使い自身の近傍以外では、密集しないよう注意する。
- ◉ **魔力切れを狙う**：遠距離から砲撃型魔法使いが魔法で攻撃する。魔法戦によって（至近距離だと白兵戦に持ち込まれて負ける）、魔力切れを狙う。
- ◉ **剣戟で対抗する**：魔法の詠唱には集中が必要と設定してあれば、複数人で白兵戦を仕掛けるといったことによって、呪文を唱える暇を与えない方法が使える。

　戦車型魔法使いに対応するときは、このようないくつかの方法を状況に合わせて使うパターンを考えるとよいでしょう。

病院騎士団から衛生兵へ

　現実においてもファンタジーにおいても、戦えば死傷者が出ます。死んでしまった者はどうしようもありませんが（ファンタジーなら、対応できるかも知れない）、怪我人・病人は誰かが面倒を見る必要があります。それを行うのが、現実では**メディック**（**衛生兵**）であり、ファンタジーでは**神官**です。

　西洋ファンタジーの神官が、そのような役目を担うのは、2つの理由があります。一つは、イエスが奇跡によって病の人間を治癒したという聖書の記述。もう一つが、十字軍の時代にあった、**病院騎士団**の存在です。病院騎士団（聖ヨハネ病院独立騎士修道会）は、エルサレムのヨハネ修道院跡に巡礼者のための病院が作られたことが元になって設立されました。エルサレムには2,000人収容の病院兼宿泊所があり、途中の町にも病院や宿泊所を設置していました。ファンタジーの神官が厚い鎧を着られる設定が多いのも、そのモデルが修道騎士団だからです。

　現代の衛生兵は、戦闘部隊についてくる衛生兵（隊付衛生兵と呼ばれ、隊の数％を占める）だけでなく、医官（軍の医師）や看護士などすべての医療関係者を含んだ名称です。このため、軍病院で働いている医師なども、厳密にいえば衛生兵です。軍における医療すべてが衛生兵の仕事となります。軍は人が集っているので感染症が広まりやすく、予防と感染拡大の防止が大きな任務となっています。

　しかし、軍に特有の衛生兵の任務といえば、やはり負傷兵の収容でしょう。戦場において、戦闘している兵が、負傷兵の面倒を見ている暇はありません。そこで、衛生兵が負傷兵の後送を担当します。衛生兵は、多くの医療器具を運ぶ関係上、武装は拳銃程度しか持っていません。そんな衛生兵が、最前線まで負傷兵を助けに来てくれるのですから、兵士にとって衛生兵が救いの神と見られるのは当然です。素人や新兵の中には衛生兵を軽く見る者もいますが、ベテランは決して衛生兵を軽視しません。

ファンタジーと現代のバランス

　ファンタジーでは一般的に医療能力を治癒魔法（または奇跡）として設定します。高位魔法なら、欠損した肉体を再生したり、死者すら復活させる設定もあります。しかし、現代は現代で、公衆衛生概念、細菌やウイルスの知識といった面で優れています。ファンタジーで一般的な医療能力を、現代と比較してみます。

	治癒魔法	現代医学
負傷治療	魔法で瞬時に治る。超高位魔法だと、欠損部位の再生や、死者の蘇生すら可能だが、なんらかの制限を設定することが多い。	止血などはできるが、治癒には日単位の時間がかかる。傷口の衛生管理という概念があるので、破傷風などの合併症は起こりにくい。
病気治療	魔法で治る病気は瞬間的に治る。さもなければまったく治らない。	治療に時間がかかるが、多くの病気が治る。
公衆衛生	そのような概念はないため、疫病の発生が懸念される。	公衆衛生の概念があって、疫病の発生が抑えられている。
研究	よくわからないままなので、あまり進歩がない。	細菌やウイルス、薬物など、様々な研究成果が蓄積されている。

　治癒魔法と現代医学との最大の違いは、適用範囲と治療の即時性です。これを、戦争という側面で見ると、治癒魔法は戦術的優位、現代医学は戦略的優位と見ることができます。

　治癒魔法の利点は、即座の治癒です。特に、戦闘によって発生する負傷をすぐに治せる点は、大変大きな戦術的優位を作ります。戦闘の途中であっても、負傷した兵を治療し、即座に戦闘に復帰させることができるからです。

　しかし、戦略レベルにおける戦力の維持となると逆転します。特に、疫病の抑制や乳児死亡率の低下といった、国家戦略レベルにおいては、現代医学のほうが圧倒的に有利です。

　欠損部位の再生や死者の蘇生という分野は、治癒魔法の戦略的優位ですが、そのような高位魔法はあったとしても何らかの制限を設定します。恐らく、勇者や将軍といった特別な存在のみが使えることになるでしょう。逆にいえば、現代社会の軍がファンタジー世界の軍と戦うなら、そのような特別な存在は殺しても戻ってくるという前提で作戦を立てる必要があります。さもなければ、捕虜として捕らえておく、死体ごと回収して蘇生できなくする、といった対応を考える必要があるのです。

ファンタジーの飛行兵科

ファンタジー世界で、飛行兵科を実現するパターンには次のようなものがあります。

- **空飛ぶ人型種族**：天使や翼人など、翼を持つ人型もしくはそれに準ずる姿の種族。空中での活動に無理がなく、知性を持つ種族であるから、人数を集めて部隊として運用することも可能（空飛ぶ種族自体が少数民族と設定することも多く、その場合部隊にも希少性がでる）。ただし、人型種族であるとすれば能力的にあまり重いものを運べないと考えられるため、大量の爆弾を投下するといった爆撃機のような運用は難しい。
- **空飛ぶモンスター**：ドラゴンやグリフォンといった、比較的大型の空飛ぶモンスター。かなりの重量を運ぶことができる。ただし、人間の命令を素直に聞く可能性も低い。人間に従い、しかも自分で戦闘の判断ができるモンスターは例外的。
- **飛翔騎兵**：ドラゴンやグリフォンに乗って空を飛ぶ騎兵。そのような飛行生物を馴らし、人間を乗せて飛ぶように訓練するには、騎馬の何倍もの手間と資金がかかると設定せざるを得ない。そうしないと有利すぎて、物語のバランスが狂ってしまう。
- **飛翔魔法**：魔法使いが呪文によって空を飛ぶ。ただし、一般に魔法使いは装甲が薄く、攻撃を受けると脆いと設定される。また、空を飛べる有能な魔法使いを、そのような危険に曝すのはもったいないともいえる。
- **マジックアイテム**：身につけると空を飛べるマジックアイテムなら、騎士のような装甲の固い人間も空を飛べる。しかし、そのようなアイテムを量産すると物語のバランスが狂うので、少数での使用となり、部隊としての運用は難しい。
- **飛行乗物**：飛空船のような、多数の人間を一度に乗せて空を飛ぶ乗り物。単なる船でも高価で貴重なのだから、空飛ぶ船などは、ファンタジー世界であっても大変な貴重品であると設定することが多い。

いずれの場合でも、人数・頭数・機数が少なく、軍として機能させるのは困難と設定するほうが一般的です。現代よりも飛行兵科の割合は小さいとしたほうが中世・近世の戦闘・戦術を活かせます。

空の得失

空を飛べることには、次のような圧倒的な利点があります。

◉ **高速移動できる**：地形の妨害を受けずにまっすぐ進めるので、よほど飛行速度が遅く設定されていない限りは、地上部隊より速く進軍できる。軍事において速度の優越は、火力の優越に勝る勝利の鍵である。伝令の連絡が速くなるだけでも、他の部隊より遙かに優位に立てる。

◉ **上空から投射攻撃できる**：弓矢や投げ槍のような、運動エネルギーで敵を攻撃する遠距離武器は、敵より高い位置から攻撃すると、その位置エネルギー差だけ威力が増す。地面から空には攻撃が届かないことすらあるが、上空からであれば石ころを落としても十分に人を殺傷できる。もちろん、爆弾などを製作できれば、さらに有力な航空戦力として活用できる。

◉ **上空から恐怖を与える**：自分の頭上に敵がいるという状況は、心理的に大きな圧迫となる。敵の士気を落とし、撤退に追い込むことも可能。

◉ **上空からの視界を得る**：指揮官が上空から俯瞰できれば、地上戦の敵味方の状況がよくわかるので戦況を有利に運びやすい。指揮官に情報を与えるだけでも、十分に有効。空が飛べない場合は、敵味方の状況が見えやすい丘の上などを奪い合うこともある。

これに対し、欠点は、地上のどこからでもその存在が丸見えということぐらいです。このため、空において敵に勝ることができれば、勝率が非常に高まります。

特に、空飛ぶ敵を相手にする場合、こちらも空を飛べないと不利になります。ギリシア神話でも、『アルゴ号の冒険』でカライスとゼテスの兄弟が、サルミュデソス王の食卓を荒らすハルピュイア（人面鳥身の生物）を退治したという神話があります。兄弟がハルピュイアを捕らえることができたのも、兄弟が翼を持っていて空を飛ぶことができたからです。

第3章 033 Dragon Rider
竜騎士
Dragon Rider

＋ 空対空戦　　　＋ 対地戦　　　＋ 飛空騎士

架空兵科の華

　ファンタジーにおける架空兵科の中で最も格好良く強そうな兵科といえば、ドラゴンに乗って空を駆ける**竜騎士**(ドラゴンライダー)です。空対空の戦いも、地上への攻撃もできる竜騎士は、現代戦における戦闘爆撃機に相当するともいえます。

　竜騎士の設定は作品によって様々ですが、できるだけ一般的なタイプで、戦力、機動力、兵站負荷を考えてみましょう。

　戦力は、次のようにとても強力です。

- **飛行**：騎士を乗せて空を跳ぶことができる。人間なら2〜3人くらい運べるので、1〜2人の同乗者も乗せられる。
- **ブレス**：竜の口から火もしくは他の何か（竜の性質による）を吐くことができる。
- **白兵戦**：騎乗している騎士が白兵戦を行える。竜自身も、歯・爪・尻尾などで攻撃できて、騎士の攻撃力よりずっと上である。
- **遠距離武器**：騎乗している騎士が、弓その他の遠距離武器を使える。
- **魔法**：騎乗している騎士もしくは同乗する魔法使いが魔法を使える。
- **恐怖**：竜は一般的に恐ろしいものなので、見た者を圧倒する。

　この性能を活用して、対空戦でも対地戦でも活躍できます。

　機動力は竜の種類に左右されます。四つ足で翼のあるドラゴンであれば、巨体であることもあり、長距離を飛ぶことには向いていないと設定することが多いようです。最強すぎる竜に、少しでも制限をつけるためともいえます。この場合、部隊の機動は、少し飛んでは休息と補給を行い、また少し飛ぶという方法になるでしょう。1体での機動なら、その辺の野生動物を狩りつつ移動するという方法も取れますが、部隊機動は、

休息所に補給物資がなければ移動を続けられません（近隣の村で、家畜を徴発するという手段はあり得る）。つまり、緊急の長距離機動は困難です。

ワイバーンのような細身で羽根の大きな飛竜であれば、長距離を飛べる代わりにドラゴンほど強くない（例えばブレスは吐けない・地上での白兵戦能力が低いなど）と設定して差を出すこともあります。

兵站負荷は大変大きな兵科といえます。竜の巨体を維持するためには、大量の食糧が必要だと考えられるからです。しかも肉食でしょうから、多くの家畜を用意する必要があります。

竜騎士の戦法と対応

竜騎士は、個人戦力としては強大なので、希少な兵科と設定することがほとんどです。ですから、戦場に現れたら大変目立ちます。また戦力が強力なぶんだけ、機動力は低く、兵站の負荷も大きいという一般的な設定にするのであれば、計画を立てて事前準備を行わない限り、運用できない兵科ということになります。つまり、騎兵の特徴を極端にした兵科と考えるとよいでしょう。

このような竜騎士を戦争で活用するときには、空飛ぶ超強力単体（もしくは少数）戦力であることを活かして敵の重要拠点の一点破壊するといった作戦が向いています。

◉ **戦術的活用**：戦場では、敵の超重要ユニット（指揮官や貴重な魔法使いなど）を倒すために使う。一般兵を倒すために貴重な竜騎士を使うことはリスクが大きすぎる。

◉ **戦略的活用**：途中の補給は難しくなるものの、敵国の人口の少ない地域を飛行して（敵に見つからずに）、敵首都・重要拠点の破壊・占領を行う。

逆に、竜騎士と戦う側は、単体（もしくは少数）であるという点を突いて、撃破もしくは、それが無理なら無駄働きをさせるという対応になるはずです。

◉ **戦術的対策**：戦場で、できるだけ価値の低い兵員と戦わせて消耗させる。偽の指揮官を襲わせて、そこで罠にかけるという手段も有効。罠にかからなくとも、偽の指揮官を襲っている間は、竜騎士は存在しないのと同じといえる。

◉ **戦略的対策**：竜騎士でなければ襲えないような後方に偽の戦略的重要地点を作り、襲撃させる。最善は、そこに罠を張って竜騎士を倒せれば倒す。次善は、帰還時の補給を潰して帰還できないもしくは非常に時間がかかるようにする。最悪でも、その作戦から戻ってくるまでしばらく戦場には竜騎士が現れないことが確定する。

水中兵科
Under-Sea Unit

✚ 潜水艦　　✚ アクアラング　　✚ 海兵隊

既存兵科からの類推

　ファンタジーでは、水中に住む種族やモンスターも豊富に存在します。ここでは半魚人のような手脚のある種族の部隊を兵科として考えてみます。中近世には水中の兵科がないので、戦力・機動力・兵站負荷の3点について現代の類似兵科と比較します。
　水中種族の部隊を潜水艦と比較すると、次のような特徴があります。

- **隠密性が高い**：水中は見えないので、聴音機(ソナー)で聞くしかない。しかも、潜水艦は機械音がするが、水中種族が泳いでも、他の水中生物と区別がつきにくい。
- **火力が低い**：歩兵と同等なので、潜水艦ほど火力がない。
- **防御力が低い**：歩兵と同等なので、潜水艦のような防御力はない。潜水艦は爆雷でも簡単には沈まないが、水中種族は生身なので衝撃波で傷つく。
- **休息が必要**：歩兵と同等なので、食事や睡眠の時間が必要。潜水艦のように24時間連続移動はできない。機動力が落ちるのは否めない。
- **燃料が不要**：歩兵と同等なので、潜水艦のような燃料は不要。

　このように考えると、偵察潜水艦と同等以上に運用できます。隠密性が高くて燃料が不要だからです。しかし、攻撃潜水艦や戦略潜水艦の役目は火力不足で不可能です。
　次に、アクアラングを使う海軍特殊部隊と比較すると、次のような特徴があります。

- **会話が可能**：水中種族なので、水中で普通に会話ができる。仲間同士で意思疎通しやすいので戦術能力が高いといえる。
- **潜行時間が長い**：アクアラングのような装備が不要で、いくらでも水中にいられる。
- **泳力が高い**：水中種族のほうが泳ぎがうまいので、水中の移動力も高い。
- **遠洋展開力がある**：アクアラング部隊は輸送隊を必要とするが、水中種族の場合は自力で作戦地域まで移動できるので機動力も高いといえる。

このように考えると、水中種族は、アクアラング部隊に対しては完全に上位互換の兵科です。戦術能力と機動力に富んだアクアラング部隊だとすると、海に面する都市攻略などに非常に有効だといえます。

最後に、海兵隊のような海上から敵前上陸を行う部隊と比較しましょう。

● **水中からの上陸能力が高い**：海岸ぎりぎりまで水中を進軍できるので、上陸艇を沈められて壊滅ということがない。敵の水際防御による被害を少なくできる。
● **陸上の行動力は劣る**：陸上に上がると、水中種族は能力が落ちてしまうと設定されることが多い。上陸後の戦いにおいては陸上種族に劣る。

水中・水上にいる限り水中種族は有利ですが、いざ上陸してしまうと陸上種族に劣るでしょう。水際ギリギリでの戦いに留め、そこから先は陸上部隊に任せる、もしくは、陸上種族を海岸まで運ぶ輸送隊となるほうがよいかも知れません。

対水中種族

水中種族の部隊と戦う場合、水上艦と潜水艦との戦いに似ていて、水上艦側がとてつもなく不利です。ただ、水中種族は潜水艦のような火力と耐久力はないことが弱点といえます。次のような対策が考えられます。

● **発見手段の開発**：ソナーなどの技術的手段、水中を見通す探知魔法など、発見しにくい水中の敵を早期発見する方法、攻撃のために位置を確定する方法を開発する。
● **攻撃手段の開発**：爆雷などの技術的手段、水中でも有効な攻撃魔法、水に溶けて水中種族を殺す毒薬など、水中への攻撃手段を開発する。
● **空の利用**：空中は、水中からの攻撃が届きにくく、しかも速度的に有利になる。
● **ハンターキラー戦術**：索敵を行うハンターと、攻撃をかけるキラーがセットで戦う潜水艦戦の戦術。ハンターが、ソナー波によって潜水艦を追い込み、追い込んだ先で待ち受けているキラーが、ハンターの情報を受けて攻撃する。索敵と攻撃を1機でできて空を飛べる対潜航空機ができたことで廃れたが、そのような技術のないファンタジー世界では有効になる可能性がある。

  ③ キラーが待ち構えている
  ② 潜水艦はソナーから逃げる
  ① ソナーを出す

──→ ✦ Ｃｏｌｕｍｕ ✦ ─── 吸血鬼の部隊

　吸血鬼は、ファンタジーでおなじみの存在です。一般的には、優れた能力とひき
かえに、多数の弱点を抱えた種族と描かれます。そこで、吸血鬼による部隊があっ
たら、どのようなものになるかを考えてみましょう。

　戦力として考えると、多くの特殊能力を持つ超人的歩兵です。

● **運動能力**：通常の人間の数倍の運動能力を誇る。軍隊の中でも、空挺や特殊
　　部隊のような、肉体的にも優れたエリート部隊以上の能力がある。
● **暗視**：夜間でも目が見える。暗視装置を装備した兵士と同等で、眼鏡をかけな
　　くてすむ分だけ活動しやすい。
● **飛行**：蝙蝠に変身して空を飛ぶ。空挺部隊のように空から侵入できる。
● **霧化**：霧と化してわずかな隙間から潜入できる。鍵の掛かった建物や警戒され
　　た施設への潜入技能を持つ特殊部隊のような任務が可能。
● **通常武器耐性**：銀か魔法の武器でないと傷つかない。ボディアーマーを着けた
　　兵士より防御力がある。
● **魔眼**：魅了の魔眼を持つ。睡眠薬や自白剤より効果的。
● **復活**：死んでも灰に人間の血液をかけると復活する。

　これだけ特殊能力があることから、吸血鬼は超強力な特殊部隊として運用する
べきです。しかし、吸血鬼は弱点も多いことで知られています。

● **太陽光**：「太陽を浴びると死ぬ」「昼間は能力が落ちる」など作品ごとに様々。
● **十字架**：十字架を見ると苦痛を感じる。ただし、キリスト教文化圏のみの伝承。
● **流水**：流れる水（川など）を渡れない。
● **大蒜**：大蒜などの匂いのきついものを嗅ぐと苦しむ。

　これらをカバーする対策を考えなければいけません。太陽の対策は、夜間専用部
隊とするしかないでしょう。夜間なら強力なので、専用化したほうが特徴が出せま
す。ファンタジー世界にキリスト教がなければ、十字架は問題になりません。流水
の対策は、任務を検討して流水がある場所には派遣しないとするしかなさそうです。
大蒜の対策は、マスクをするといった方法がありえます。

　機動力は、人間型種族なので歩兵と同じと考えられます。昼間の移動用に、棺
桶輸送隊を編制して移動させ、夜に活動するという手段も考えられます。こうす
れば通常の歩兵よりも高い機動力が得られます。

　兵站負荷は、吸血鬼が人血をどのくらい必要とするかによって変化します。ただ、
戦争の場合、敵兵を殺すことになるので、敵から補給すればある程度確保できます。

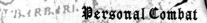

第4章
Personal Combat
個人戦闘

　どんなに大規模な戦いであっても、個人対個人の戦いが多数集まったものです。

　本章では、個人の武技についてまとめました。剣をどのように握り、剣先をどちらに向けるべきなのか。敵が動いたときに、どのように対応すべきなのか。その代表的な例を紹介しています。もちろん、武技の道は広く深く、ここで紹介しているのはさわりだけですが、それを知ることで、戦闘シーンにおける個人の行動にリアリティが出せるのではないかと考えています。

ゲームシナリオのための 戦闘・戦略事典

1人にできること

　中世の戦いは、どんな大規模な会戦であっても、個人と個人の戦いの総和によって勝敗が決まります。大量殺戮兵器が存在しないからです。

　また、当時の戦いは、士気に大きく左右されます。このため、部隊の先頭に立つ人間が優れた武勇を示すことで、士気を上昇させることが大切でした。それによって敵の士気が下降する効果もあります。

　さらに敵の指揮官を個人の武勇によって倒した場合、敵は士気を失い混乱したまま逃亡する可能性すら十分にあります。中世の戦争では、会戦であっても勝敗が個人の武勇によって決まることがあったのです。もちろん、会戦ではなくもっと少人数の戦いであれば、個人の武勇こそが勝敗を決定する最重要ポイントです。

　本章では、戦闘において武装ごとの個人の戦い方を紹介します。本来兵士は鎧や服を着ていますが、本章の図では鎧を着ていない素体で人間を描いています。鎧を着た状態から中の人のポーズを想像するよりも、ポーズを取った身体のみのほうが体の動きがわかりやすくなると考えたためです。鎧はあるものとして読み進めてください。

一対一と複数戦闘

　個人の戦闘において一番大きな違いは、一対一で戦うか、複数で戦うかです。

　一対一なら、注意をすべて1人の敵に向けていて構いません。しかし、複数戦闘ではそうはいきません。敵が複数いるなら、1人の敵を攻撃しているときでも、他の敵の動向に注意を払っておかなければなりません。つまり、1人の敵に全力をつぎ込めないわけで、1人に対する戦力は当然弱くなります。

　味方が複数いれば、味方の状況も気にしなければいけません（死にそうだったら助けるなど）。またせっかくいる味方を活用するためにはコミュニケーションが必要です。

つまり、一対一のときのような全力は出せません。

戦闘時における味方との連携方法は、大きく分けて次の2つがあります。

- **共同攻撃**：味方の誰もが攻撃をし、互いをサポートしあう方法。味方のことを気にしなければならない分、全員の戦力が少しずつ下がるが、味方全体では大きな力となる。一般には、こちらの戦い方をする。
- **主力攻撃**：1人を主力として全力を発揮してもらい、他は主力が戦いやすいように、また主力の攻撃がより効果を上げるようにサポートする。やたら装甲が固い敵が1体とか、特殊な敵が1体いる場合などに、その敵に効果が高い人間を主力として戦う方法。

どちらにするかは、明確にしなければいけません。曖昧なまま戦うのは最悪です。方針を決めたら、方針に遭わない行動は一切しないという覚悟が必要です。

連携する味方の人数も、戦闘力に大きく影響を与えます。

一般的なマネジメント理論では、チームの人数が多ければ多いほど、味方とのコミュニケーションにリソースが割かれるため、個人の能力は下がるとされます。特にリーダーがいない場合には、全員が全員とコミュニケーションしなくてはならず、非常に効率が落ちます。これは、戦闘でも同じです。人数が増えることで、総合戦力は上がります。しかし、あまり人数が多すぎると、図のようにほとんど総合戦力は増えません。ゲームのパーティが3〜6人であるのには意味があるのです。

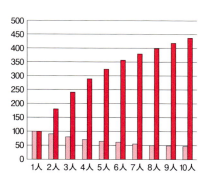

リーダーを決めることで、他のメンバーの戦力低下をある程度少なくすることはできます。パーティ全体を気遣うのは基本リーダーの役割としておけば、他のメンバーは目の前の戦闘に集中できるので戦力があまり落ちません。

ただし、リーダーが1人で気を配れる人数にも限界があります。これも多くて10人くらいです。多くの軍隊において、最小単位の分隊が約10人ほどであるのにも意味があるのです。

武技の要素

4つの要素

　イタリアの剣技では、武技には「時」「距離」「構え」「流れ」の4要素があるとされます。この4要素は、剣だけでなくあらゆる白兵戦に適用できる戦いの基本なので、ここで紹介します。

✛ 時

　「時」とは、攻撃者の行動を、時系列で分類したものです。そして、防御者が、その分割されたどの「時」にどんな行動を起こすとよいのかを分析したものです。

　攻撃者の動きは、右表のように分類されます。

　防御者は、攻撃者の行動タイミングによって、下表のように何をすべきかが変わるとされます。

1	攻撃以前、何の行動も起こしていない状態。
2	初期の構えを離れ、攻撃へと移行する。
3	目標へと至る途中。
4	命中直前。
5	命中（もしくは外れ）の後の動き。

1	攻撃できる。
1～2	カウンターのタイミング。敵の攻撃にカウンターを行うには、敵の動きの初期に反応しないといけない。
3～4	受けのタイミング。受けは、多少遅れても実行可能である。
2～4	避けのタイミング。避けは、早い時期から可能である。
4～5	受け・避けを行った後で、反撃を行うタイミング。

　攻撃者は、まず腕を動かし、続いて胴体、最後に脚を動かします。そのため、防御者は攻撃者の腕に握られた武器の動きを見て、どの「時」なのかを判断します。

✛ 距離

　「距離」とは、通常の構えを取ったときの、自分の武器の先端から敵までの距離を意

味します。武器ごとに適正な距離があります。また、同じ武器でも技によって届く距離は変わります。遠すぎると届きませんし、近すぎても武器がうまく扱えません。距離は4段階に分類されます。

範囲外	2歩以上近寄らないと、いかなる技でも攻撃できない距離。
適正範囲	1歩進めばいずれかの技が届く距離から、移動せずにいずれかの技で攻撃できる距離までの間。
近すぎ	1歩以上遠ざからないと、いかなる技でも攻撃できない距離。
格闘範囲	武器を手放し、手を敵に届かせて格闘に入れる距離。

　敵の武器・体格などによって、敵の距離感は自分とは異なります。自分に都合がよく、敵に都合の悪い距離をとることを、間合いをとると呼びます。

✠ 構え

　「構え」とは、戦うときの手脚の向きや位置のことです。正しい構えならば、動こうとしたときにスムーズに動き出せます。また、攻撃を受けてもバランスを崩されません。相手の力をうまく大地に流せるからです。これを、**接地**と呼びます。

　例えば、Aのように横から押されても耐えられますが、Bのように前から押されては耐えられないというのも、構えの違いです。前からの場合、脚を前後に開いていれば、耐えられるわけです。

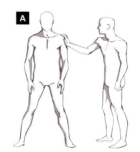
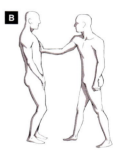

✠ 流れ

　「流れ」とは、移動・行動の自由度のことです。うまい構えで、うまい行動ができていれば、行動の自由度が高くなり、急な行動の変更にも身体がついていきます。そして、自由度が高ければ、余裕ができるので、次の構えをきっちりして、有利な距離を取ることができます。

　4要素ではありませんが、武器の内と外も重要です。右利きで剣を持っているなら、剣の左側に敵がいれば内、右側にいれば外になります。自分はできるだけ敵の外にいて、敵は自分の内に置くようにすれば有利に戦えます。

最大の敵

　中世の戦闘において、歩兵の最大の敵は騎兵の突撃です。歩兵は2つの方法で、この騎兵突撃に対抗しました。「集団の力による対抗」と「個人の力による対抗」です。

　「集団の力による対抗」から紹介します。スイス傭兵のように、長い槍（パイク）を構えた歩兵（パイクマン）を密集させて、無数の槍衾で近づけなくする方法です。肩がふれあうほどに近接した歩兵が槍を並べ、さらに後列の人間も同様に槍を突き出します。このため、1mあたり数本の槍が突き出ている状況になり、馬で接近すれば何本もの槍に突き刺されることになります。

　恐ろしい騎兵突撃に耐えられるのは、集団だからです。肩がふれあうほどに近くに仲間がいるという安心感、まわりの人間に無様なところを見せたくないという見栄、実際に馬が近づける隙間がなさそうに見える多数の槍、こういったもののおかげで、多少臆病な人間でも耐えることができるのです。

　ただし、この無数の槍衾は防御壁にすぎず、騎兵が近づいてこない限り、一切の攻撃はできません。攻撃は、パイクマンの後ろに隠れたクロスボウマンやロングボウマンに任せます。

　騎兵への対抗策は、この方法が正統的なものです。次に紹介する「個人の力による対抗」は本来、あってはならないことです。騎兵に対して、歩兵個人が戦うという事態は作戦の失敗を意味しているからです。

個人の力による対抗

　理論的には、歩兵であっても十分な長さの槍を使うことで、騎兵に対して有利に戦えると考えられます。しかし現実的には、たった1人で、巨大な人馬の突撃に耐えられるだけの根性と冷静さが必要なので、通常は腰が引けて失敗します。

根性と冷静さの両方があった場合は、次のようなカウンター技で対処ができます。
　まず、槍を構えて突っ込んでくる騎兵Aに対して、歩兵Bは少し槍先を下げた構え（**猪の牙**という）で待ち受けます❶。これは、こちらが怯えていて、あまりやる気がないように見せかける効果もあります。誰だって、槍の先端が真っ直ぐこちらを向いていれば警戒しますが、よそを向いていれば安心するものです。この下げた槍先は、騎兵の槍の先を巻き上げるための構えです。

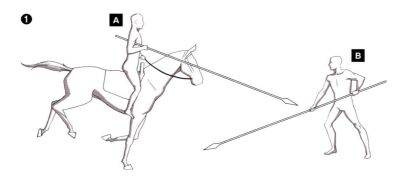

　敵Aとの距離が槍の射程に入ったところで、Bは右脚を少し前に、次いで左脚を踏み出します❷。その勢いで、槍を左上に向かって振るい、Aの槍を左上へと弾きます。そして、そのまま敵の槍の柄に沿って滑らせるようにして、槍先を敵の胴体もしくは頭に向かわせます。

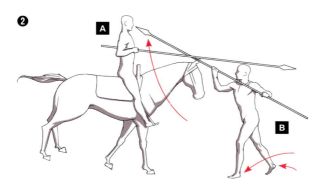

　右脚を少し前に出すのは、技のためには本来必要ありませんが、敵騎兵との間隔でタイミングを取るためだと思われます。
　この技は、ファンタジーにおける巨人のように、自分より大きな存在と戦うときの基本とすることもできるでしょう。

スピア(歩兵)
Spear

✛ 棒術　　✛ 直線の突き　　✛ 初心者から達人まで

槍は棒と短剣

　槍(スピア)は、剣より扱いが簡単で、しかも剣よりリーチが長いため、未熟な兵士でも扱いやすい武器です。そして、達人が使うと、剣以上に恐るべき武器となります。このため、銃が登場する以前の戦争では、剣以上に多用される武器です。

　槍の攻撃は、先端による突きと、柄の部分を使った棒術との組み合わせです。柄による打撃には、敵を即死させるほどの威力はありません。このため、棒術は敵の手足を払ったりする牽制に使い、とどめは槍先の突きで行います。

　槍による突きの最大の利点は、攻撃が直線であるところです。剣による斬撃では、武器を平面上に移動します。そのとき、平面上のどこかに受けるもの(盾か武器)を置かれてしまうと止められてしまいます。それに対して槍の突きは一直線ですから、直線の先に盾を置かれるか、武器などによって直線を払いのけるかしないかぎり、攻撃が当てられます。

　欠点は、その直線の出どころが本人からだけになることです。思わぬ方向からの攻撃はできないので、敵は突きの出どころにさえ注目していればよいことになります。この欠点を補うために、柄を使った棒術的な攻撃を併用します。

　槍の握り方は人によって様々です。両手の間隔の広さで、使い勝手が大きく変わります。

- 🔴 **広い**：一般的な持ち方。力が入るので、押し負けにくい。腕を動かさないと槍は動かせないので、槍を振り回す速度は狭いときより遅くなる。前の手の位置を固定して軽く握り、後ろ側の手を動かすことで、素早い突きを出せる。
- 🔴 **狭い**：槍を回したりなぎ払ったりするためにはかなりの力が必要になる。しかし、手首の捻りだけで槍を回せるので、非常に早い動きができる。この持ち方では効果的な突きができないので、突くときには両手の間隔を広げなければならず、動きがワンテンポ遅れる。

槍の攻撃と防御

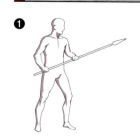

❶

槍を持った人間同士が対峙したときには、敵の突きにどう対処するかが重要です。槍を使う歩兵同士の攻防例を紹介します。

通常、左足を前にして半身を出す構えを基本として、攻撃・防御を行います❶。

突きによる攻撃は、左手の位置を固定し、右手を前に動かして行います。多くの人間は右利きなので、右手を動かすほうが得意だからです。ただし、この突きは腕の力だけで行っているので、軽いという欠点があります。

強い突きは、❷のAのように身体も一緒に動かして行います。Aは、左脚を一歩踏み出して、槍を突き出しています。身体ごと動くことで、体重の乗った突きをいれるのです。

もちろん、槍で突かれたBは、❸のように槍を持ち上げて邪魔することで防御してきます。このままだと、Aの槍はBの頭の上を通過することになります。

そこで、Aは❹のように腕を持ち上げて上から打ち下ろす形にして槍先を下げます。こうすると、Bの防御は失敗となり、槍を当てることができます。

槍は、先端部分にしか刃がないので、必ずしも武器で受ける必要はありません。特に、鎧を着ていれば、多少防御に失敗しても、籠手が防いでくれます。このため、❺のBのように、敵の突きを左手で払うという技も存在します。うまくすれば、片手ですが、がら空きの敵の胴を突くことができます。

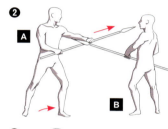

❷

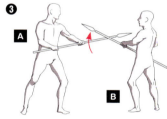

❸

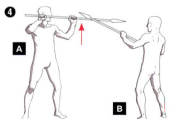

❹

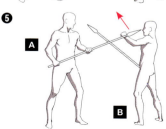

❺

ポールアックス(歩兵)
Pole Axe

+ 長柄武器　　+ 振り下ろし　　+ 引っ掛け

豪快な技

　槍をはじめとする**長柄武器**(**ポールアーム**)は、その長さを活かして遠くの敵を倒せます。その代わりに、間合いの内側に入られると、長すぎて対処できなくなるという欠点があります。

　長柄武器の一種である**ポールアックス**(槍の先に小型の斧がついている武器で**ハルバード**ともいう)も同じです。しかし、同時に斧でもあるので、その斧の部分を活かして、豪快な戦いをすることもできます。また、斧の反対側に横向きに突起(ピック)が出ているという構造から、敵の足や首を引っかけるといったトリッキーな戦いも可能な武器です。

　このように、非常に多様な戦い方ができるだけに、その構えも様々で、それぞれの構えからまったく異なる攻撃ができます。例えば、❶のAは右手を上にした構えで、Bは左手を上にした構えです。その構造上先端が重いので、ポールアックスを下向きに構えるのは不利とされています。重い先端を持ち上げるのに時間がかかるので、どうしても動作が鈍くなるからです。逆に、敵のポールアックスの先端を下げさせれば、それは有利な体勢にあるということです。

　ここでは、ポールアックスの基本技である、**屋根の構え**(先端を上にした構え)からの打ち下ろしと、その防御方法と返し技を紹介します。図のAが攻撃側でBが防御側です。

　まず、両者が屋根の構えで対峙しているとします❶。

　Aはこの構えから打ち下ろします❷。これがポールアックスの基本攻撃です。Bは、右脚を1歩踏み出しつつ、ポールアックスの柄尻の部分を素早く持ち上げます❷。そして、柄尻でAのポールアックスを受けてそのまま自分の右側へと流します。このとき、力を入れすぎて、敵を押し返してはいけません。敵のポールアックスが、柄の上を左へ滑ると、自分の指を痛めるからです。逆に、敵の攻撃に押されて、斜めに下がるくらいがちょうどよいとされます。

この状態からBは反撃します。柄尻を押された勢いも利用して、ポールアックスの斧部分を前に出して、Aの背中側から攻撃します。左脚を踏み出すか、右脚を下げるかして、身体の向きを変えながら、敵の後頭部から背中にかけてのどこかに振り下ろすのです。背後から攻撃されたAは、這いつくばるように前に倒れます❸。

殺したくない場合は、斧部分を鉤にして敵の首に引っかかるところで止めて、引っ張ってひっくり返します。

ポールアックスでの多様な戦い方の一つに、足や首を引っかけて倒すというトリッキーな技があります。❹では、Aがポールアックスを鉤のように使って、Bの脚を引っかけています。こうしてAが後ろに引っ張ればBは倒れるしかありません。ただし、敵のポールアックスをいったんは弾くなりして隙を作らないと、脚を引っかける前に上半身に攻撃を受けてしまうので注意が必要です。

逆に、首を引っかけるときは、相手が足元を狙ってくるのを柄尻などで受けたときがチャンスです。その分上半身の防御がおろそかになっているからです。

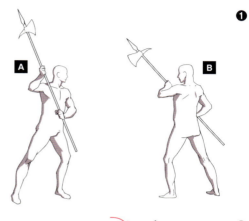

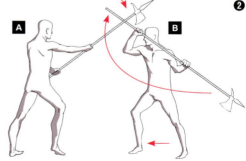

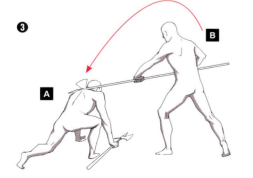

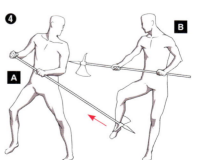

剣と盾（歩兵）
Sword and Shield

✚ 携帯性　　✚ 儀式　　✚ 護身

基本にして最後の武器

　戦士の武器には、より強力な槍や弓より剣が挙げられるのはなぜでしょうか。

　剣の利点として、携帯のしやすさがあります。他者の屋敷に長い槍を持って行くことは現実的ではありませんが、剣であれば腰に履いていても許されます。盾を持ち歩く人はそういませんが、近世までなら剣を護身用に持ち歩くのは普通でした。儀式のときなどでも、武器の象徴として剣が使われることが多かったのです。

　このため、護身の武器として最も有効なのが剣です。そのためか、防御の剣技が多くあります。

　敵から剣で襲われたときの受けには、Vの型とAの型があります❶。

　Vの型は、初心者がよくやる間違った受けです。反射的に、剣の先を左右に振って受けてしまいます。しかし、この方法では、敵は刀身をこちらの刀身に沿って滑らせることができます。すると、刀身の根本には自分の胴体があるので、

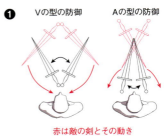

結局敵の剣が自分の胴体に当たってしまいます。さらに、剣の切っ先が、敵と異なる方向を向いているので、即座に反撃することもできません。

　Aの型が正しい受けです。剣の切っ先はあまり動かさず、柄側を左右に動かして受けます。こうすると、敵が刀身を滑らせてきても、自分に命中することがありません。

　さらに、切っ先は常に敵を向いているので、即座に敵を突く反撃もできるのです。

盾と剣

　盾があれば、盾で相手の剣を防御して反撃できます。

❷は、Bが頭を狙って剣を振ってきたので、Aは盾を持ち上げて防御し、そのときの身体の捻りを利用して、敵の前脚を斬ろうとしています。Bは、頭を狙った攻撃を行うために、脚を踏み出しているので、Aにとっては反撃の好機なのです。

ただし、盾は、使い方を間違えると、視界を妨げるものになってしまいます。❸は、Bが剣を上から振り下ろそうとしたので、Aは盾で頭を隠そうとした状況です。しかし、これはAにとってはかなり危険な行為です。Bの剣が見えなくなるからです。

実際、BはAの視線が隠れたことで、剣をそのまま横にずらして下ろし、Aの脚を切ることができます❹。もちろん、Aも、危ない脚を引っ込め、盾の下から見える下半身を攻撃して、対抗しようとします。

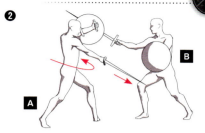

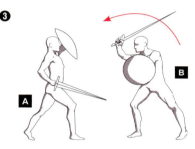

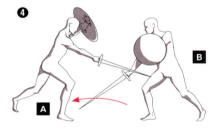

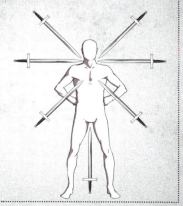

✦ Columu ✦ イタリア剣術の攻撃線

イタリア剣術には、7つの攻撃線があります。

右上（敵の左肩から斜めに切り下ろし）、左上、右（敵の首の左側）、左、右下（敵の左脇から切り上げ）、左下、真下（敵の股間）の7つです。いずれも、鎧がなかったり、可動部で隙間が多かったり、弱かったりするところなので、そこを狙えと教えています。真上はたいていヘルメットで守られているので、外されています。

両手剣(歩兵)
Two-handed Sword

✚ 重量の利用　　✚ 歩法　　✚ 回転運動

戦場の剣

　両手剣というと、アニメやゲームで主人公が振り回すイメージがあるので、実用性がないのではないかと思う人もいるかも知れません。しかし、両手剣は、実用性から必要とされて作られた戦場の剣です。

　近世においては、両手剣は多人数を相手にする最適の武器と考えられていましたし、長柄の武器にも対抗できる有力な武器とも考えられていました。

　ただし、現在のアニメのような、じっと構えて気合いと共に一閃するという使い方はできません。両手剣は大変重く、止まった状態から動かそうとすると、どうしてもワンテンポ遅れてしまうからです。

　両手剣は、剣を振る動作を止めてはいけない剣です。両手剣を使うときは、いかに剣の動きと勢いを保持したまま戦うかを常に考えなければなりません。

　このため、両手剣を上段から真っ直ぐ斬り下ろす、日本刀のような使い方は、剣の動きを止めてしまう間違った用法とされます。あれは、両手で使う剣としては軽い日本刀だから許される戦い方です。

　両手剣の基本は、**水車斬り**(風車斬りともいう)です。❶のように斜めに振り下ろした剣先を、一回転させて、再び振り下ろす斬り技です❷。

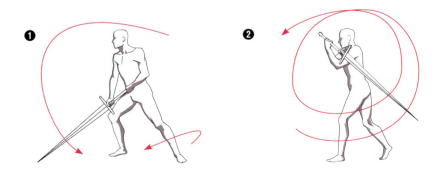

水車斬りは、同じ方向からの斬り技なので、攻撃としては単調です。もちろん、両手剣の利点は、単調な技であっても、その重量と勢いによって、受けきれないほど強力な攻撃をすることにあります。

両手剣には、勢いを残したままで斬撃の向きを変えつつ攻撃する技法もあります。その一つが**蛇行斬り**です。

蛇行斬りは、斜めに歩く歩法を含む剣技です。剣を斜めにクロスして切りつつ、斜めに歩いて位置取りを変えることで、敵に防御されにくくします。

まず、右脚を前に出しつつ、右上から左下に切り下ろします❸。剣を回して右上に構えます。

次に、剣を右から左に振り下ろしつつ、左脚を引きます❹。このとき、剣を身体の左側で回し、振り上げた剣が、左上に来るようにします。

そして、今度は右に振り下ろします❺。脚は、左脚が前に出るようにしています。

身体の右側で剣を回して、頭の上を通り、再び左上から右下へと振り下ろします❻。

このように、歩法と剣の回し方で、相手の読みを外します。特に、歩法は、両手剣で敵を倒すためには必須といえます。剣は基本的に左切り下ろしと右切り下ろししかないのに対し、歩法はもっと多様だからです。

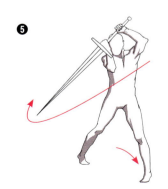
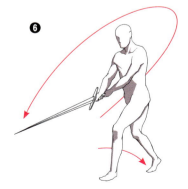

モードシュラッグ（歩兵）

Mordschlag

✚ 打撃　　　✚ 白兵戦　　　✚ 剣

剣による打撃技

　鎧が厚くなって剣では切ることができなくなったとき、対策として編み出された技法が**モードシュラッグ**です。両手剣でも、片手剣でも使える技法です。

　簡単にいうと、剣の刃部分を握って、鍔(つば)や柄(つか)の部分で敵を殴りつける攻撃方法です。剣はその構造上、柄の側が重くなっているので、打撃による攻撃ならば柄の側をぶつけたほうがダメージを多く与えられます。剣を使ったハンマー攻撃と考えるとよいでしょう。剣の使い方の中では、最も打撃力の高い攻撃方法といえます。

　このような使用法にも耐えられるように、当時の剣は鍔と柄のど

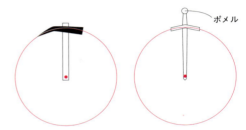

ポメル

　ハンマーが、わずかに下を向いているのは、持ち手(図の●の位置)を中心にハンマーを回転させたときに、その円周上にハンマーの頭の先が来るようにするため。
　剣の柄も、少し刃のほうを向いているが、これは剣で戦うときに相手の刃を止めるためである。そしてもう一つの機能として、剣の先を握ってモードシュラッグを行ったときに、円周上に柄の先が来て、力が斜めにかかって曲がったりしないようにするためでもある。

ちらも、刃と同じ鋼鉄製でした。軟鉄では、このような使用に耐えられず、曲がって折れてしまうからです。

　モードシュラッグは、刃を握って攻撃するので、素手だと手を痛めます。もちろん、西洋剣は、日本刀のように斬れるわけではありませんが、それでも刃は鋭角なので、力を入れると手に食い込むだけでなく怪我をします。このため、モードシュラッグを行うためには籠手が必須です。そもそも、モードシュラッグ自体が、鎧が厚くなって剣では負傷させられなくなったことによって発生した技法です。そのような状況であれば、自分も厚い鎧を身につけているでしょうし、籠手(こて)もつけているはずです。

　ちなみに、日本刀は、柄が軽くて弱い木製であること、刃が触れただけでも斬れるようにできていることから、モードシュラッグは実行不能です。

モードシュラッグの型

モードシュラッグにも多様な技がありますが、その例を3つ紹介しておきます。

● **打ち下ろし**：モードシュラッグの基本の構えは、❶のAのように、右手で柄を握り、剣の先を左手で握る体勢。これ自体は、片手剣（盾なし）における基本の構えの一つ**毒蛇の構え**。剣の刃で攻撃するならば、この毒蛇の構えから、右手での突きを行うが、モードシュラッグを行うときは、右手を放し、刃を握った左手に右手を添えるようにして、鍔で敵を殴りつける❷。これがモードシュラッグの基本形。これは上からの攻撃なので、突きを警戒している敵の意表をつくことができる。

● **引き下ろし**：❸のAのように「打ち下ろし」の攻撃を武器で受け止められた場合は、鍔を敵の武器に引っかけて、敵の武器の自由を奪うことで対応する。まず、剣を自分側に引いて、敵の武器を下げさせる❹。そして、がら空きになった顔面や顎、喉などをポメル（柄の先）で突く❺。もちろん、ポメルでの一撃なので、刃で突くような致命傷にはならない。その代わり、顔面や首筋に鎧をつけていても、顔面に衝撃を与えたり、喉を潰したりできる。さらに頭を揺らす効果によって、敵は行動不能になる。

● **剣取り**：モードシュラッグの弱点は、刃を持った手が滑りやすく抜けやすいところ。これを利用して、モードシュラッグ同士の戦い時に、敵の武器を奪う技術がある。❻のように、剣と剣がぶつかり、押し合いになったときに使用する。敵であるBの剣の鍔に、こちらの鍔を絡めて、引き抜く❼。この状況では、Aは剣を持ち上げるだけでよいので力をかけやすく、Bは握っているだけなのですっぽ抜けやすい❽。これで、AはBの手から剣を奪うことができる。

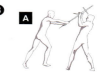

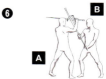

ハーフソード(歩兵)

Halfsword

＋精密操作　　＋鎧の隙間　　＋突き

鎧の重装甲化への対抗策

　ハーフソードは、14世紀ごろに編み出された手法で、右手で剣の柄を持ち、左手で剣の半ばを持つ構え、およびそこから展開する戦闘技法です。片手剣、もしくは大きすぎない両手剣で行います。剣の刀身を握るので、モードシュラッグと同じく、籠手で手が守られている必要があります。

　モードシュラッグと同様に、ハーフソードも鎧の重装甲化への対抗策です。当時、プレートメイルが兵士の装甲として使われるようになり、通常の攻撃はあまり通用しなくなりました。つまり、これらの技術は、装甲の厚い怪物と戦うときにも有効だと考えられます。

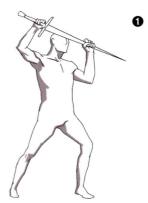

　ただし、モードシュラッグが鎧の上からでも力ずくでダメージを与えようという技法であるのに対し、ハーフソードは両手で剣を持つことで、鎧の隙間に正確な突きを入れる技法であるところが異なります。

　❶は**毒蛇の構え**といい、敵の鎧の隙間を正確に突くための構えです。

　また、ハーフソードは、防御の構えでもあります。両手でしっかり握った剣で、敵の攻撃を防げます。

　❷は**偽十字の構え**といい、敵には柄の先端を向けて、敵の攻撃を受け流して反撃に出るための構えです。

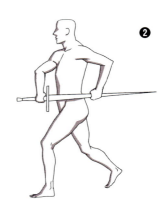

　ハーフソードは、モードシュラッグの対抗策としても有用です。❸では、Aは剣を身体の前のへその高さくらいに水平に構えた形から、そのまま真っ直

ぐ剣を持ち上げて、Bのモードシュラッグを防いだ形になっています。モードシュラッグは、どの部位に当たってもダメージがあるので当たること自体を止めなければならないのです。

ハーフソードは、鎧の隙間を狙う技術＋防御技術といえます。ハーフソードの攻撃は基本的に突きですが、突きを止めるには盾のような面による防御が必要で（それでも貫かれはする）、剣で突きを食い止めることは天才的技量

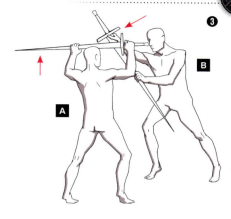

でなければ不可能です。そこで、完全に食い止めるのではなく、❹では、Aの突きに対して、Bは剣を下からぶつけて（横からぶつける場合もある）、命中箇所をずらすという防御を行っています。鎧の装甲部分に当たっても、防御できるからです。最悪鎧を突き抜けることがあったとしても、鎧のおかげで身体へのダメージは少なくなります。

また、ハーフソードだからといって、常に剣先で突く必要もありません。❺では、Aの突きを避けたBが、柄のほうで打撃を加えています。この形が、モードシュラッグの持ち方にも似ていることからもわかると思いますが、ハーフソードは、右手を持ち替えることで、モードシュラッグに移行できます。

ハーフソードとモードシュラッグは、剣を使って鎧を着た兵士を倒すための技法であることは同じですが、攻撃の方法（モードシュラッグは鎧の上からの打撃、ハーフソードは鎧の隙間への刺突）がまったく異なるので、素早く持ち替えることで一種の奇襲攻撃が可能です。

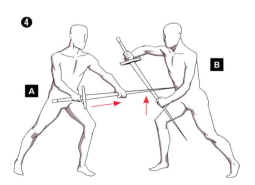
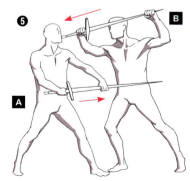

盾と剣

　歩兵は、盾を持つか持たないかで大きく分けられます。当然、前者は攻撃力が低いものの防御力が高く、後者はその逆となります。

　盾を持っている場合、盾の防御が優先で、それに加えて武器の攻撃があります。しかも、盾によって自分の行動も制約されますから、攻撃の方法は盾のない右側や上から振るか、右手でまっすぐ突くくらいです。その意味では、同じくらいの長さの武器ならば、剣でもハンマーでも、できることはあまり変わりません（槍だと大きく変わる）。

　盾の技法は、「受け止める」「受け流す」「弾く」の3つです❶。

　Aのように、武器の威力を真正面から受け止めると、多くの場合、盾は貫かれてしまいます。だからといってどんな武器も止める盾など、重すぎてとても使えません。

　通常は、Bのように斜めに受け流すものです。この形だと、武器は盾の表面を滑るため、貫かれずにすみます。

　Cのように、盾で敵の武器を弾く技法もあります。盾を積極的に動かして、敵の武器に横からぶつけて、武器の軌道を変えるというものです。

　一般に、大きくて重い盾は受け流す技法を使い、バックラーのように小さくて軽い盾は弾く技法を使います。

　ちなみに、盾の技法の中には、わざと貫かせてそこで盾を捻って敵の武器を取り上げるというものも存在します。

盾の構え

盾の特性や、右手で武器を使いやすくすることなどをふまえて、一般に盾は、❷のように身体の左側に斜めに構えます。この構えを**外側の構え**と

いいます。個人戦で盾を真正面に向けて構えることはほとんどありません。もちろん、集団戦では、盾を正面に向けることもあります。ギリシアの「ホプリタイ」003 などは、盾を正面に向けて並べることで、一種の大きな壁を作っています。あくまでも個人戦における盾の構えです。

外側の構えによって、左から（敵にとっては右から）の斬撃をほぼ止めることができます。また、突きは、盾の前端を少し右へずらすことで受け流せます。

さらに、**シールドバッシュ**（盾での殴りつけ）も行いやすいのです。よく誤解されていますが、シールドバッシュは盾の正面をぶつけることは少なく、通常は盾の縁をぶつけます（盾の縁は強化されていることが多い）。鎧を着ていない相手なら、あばら骨を数本一気に折ることも可能です。

他にも次のような構えがあります。

- **内側の構え**：左腕を右へとずらして身体の右側に置く構え。構えとしてこの型を取ることはない。しかし、右からの攻撃を止めると、この形になる。このとき、そのまま敵の武器を右へと押し込み、敵の盾との間に挟み込むようにすると、敵は両手が動かせなくなるので、その隙に盾の左側から剣で突ける。
- **中心の構え**：集団戦と同じように、盾を正面に向ける構え。このとき、盾の下側を上げて、盾を斜め上に向けると、敵からは足元が攻撃しにくくなる。下半身への攻撃から身を守る構え。
- **上段の構え**：腕を上げて、手が耳の横に来るくらいに盾を掲げる構え。敵が頭を狙ってきたときなどに、この構えにするが、その分下半身への防御がおろそかになる。また、盾を持った左腕によって左側がまったく見えなくなるので、一対一なら構わないが、多人数戦闘では避けたほうがよい。敵の攻撃を止めたら、すぐに盾を下げるべき。

第4章 045 Buckler

バックラー(歩兵)

Buckler

✜ 動かす盾　　✜ 武器への対応　　✜ 武器の巻き込み

小さな盾の有効性

バックラーは、15世紀末から17世紀にかけて使われた直径30cmほどの小さな盾です。そのため、ただ構えているだけでは、身体を守ることはできません。軽量な盾でもあるバックラーは、細かく動かすことで身を守る盾なのです。当時の技法書には、「身体よりもはるかに小さい盾で身体をすっぽりと覆う」と書かれています。うまく動かすことで身体全体を守ったのです。これは、盾を動かすという意味だけではなく、身体のほうを動かして、敵の武器との間にバックラーが入るようにするという意味も含んでいます。

また、右手で攻撃するときに、右腕をカバーするという使い方もあります。攻撃のために前方に出る右腕を敵が狙ってくるからです。

このためもあって、左手のバックラーは、❶のように、胴体から離すように真っ直ぐ腕を伸ばして保持します。

これは、次の理由です。

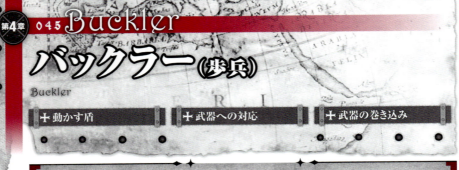

- 🔴 敵の攻撃を出始めのところで止めたほうが、武器の勢いも弱く、速度も遅いので、止めやすくバックラーも損傷しにくい。
- 🔴 バックラーは小さいので、胴体に引きつけてしまうとカバーできる場所が少ない。バックラーを前に伸ばすと相手の視界から自分の身体を広く隠すことができる❷。

バックラーには、❸のように、敵の武器の目の前に構えるという技法もあります。盾が小さ

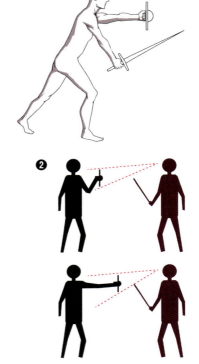

106

いので、その代わりに敵の武器の目前に構えることで、対応しやすくしようという考えです。特に、当時の剣はレイピアのように突く剣が多かったので、剣先の前に盾を構えておけば攻撃は防げます。斬ってきた場合には、振りかぶる動作が先に必要なので、バックラーを動かして対応する余裕があります。

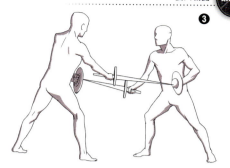

バックラーでの防御と攻撃

　バックラーを使った最も基本的な攻防の例として、敵の突きに対する防御とカウンターを紹介します。ここでは、AもBも剣とバックラーを装備しているとします。

　❹では、Bが剣で突いてきたとき、Aは左脚を右前に踏み出して（身体をBの剣からバックラーをはさんだ反対側に来るように移動させている）、バックラーでBの剣を受け流します。このとき、可能ならば図のように、Bのバックラーも一緒に巻き込んで左へ流すと、Bの左脇に隙ができます。

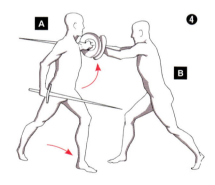

　後は、❺のように、Aは右脚をさらに前に出して、Bの左側へと移動することで、Bのがら空きの左脇に突きを入れることができます。

　実際には、敵のバックラーまで巻き込むのは難しいでしょうから、敵もこの攻撃を左手のバックラーで守ることが考えられます。

　バックラーを使った戦いでは、敵の攻撃に素早く反応してバックラーで防ぎ、それによって生じた隙を突くという戦いが基本となります。

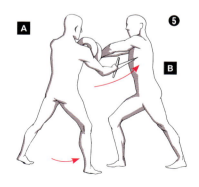

- 二刀持ち
- 手数の利
- 腕の壁

身の軽い時代の武術

　二刀流は、同じもしくは似た大きさの剣を2本使って戦う武術です。二刀流そのものは、ヨーロッパでも古くから存在しましたが、実戦で使われた例はほとんどありません。これには、次のような理由があります。

- 厚い鎧を着ていた時代には、武器は手数よりも、鎧を貫く威力のほうが重視された。
- 日本の武士とは異なり、2本の剣を持ち歩く習慣がヨーロッパにはなかった。

　このような理由から、二刀流が剣術として取り上げられるようになるのは、鎧を着る習慣が銃によって廃れたルネサンス以降になります。鎧を着ていなければ、手数による攻撃に十分な意味が出るからです。それでも、2本の剣を持ち歩くのは珍しいことから、二刀流は主流にはなりませんでした。

　二刀流では、腕と剣が絡まないように動かすことが大切です。一見すると簡単なように思われるかもしれませんが、二刀流はトリッキーな技法です。腕を絡めるように、それこそ右腕をわざと左腕のさらに左に持ってくるくらいのことは、普通に行います。

　例えば、❶では、Aが左腕で敵の二刀流の剣を両方とも右へと払い、そこで開いた敵の右半身を狙うために、右腕を左腕の剣とクロスするくらいに左へ動かして攻撃しています。

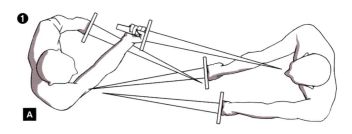

　二刀流の構えはいくつかありますが、最も有名なのが**上段の構え**です。

❷のBが上段の構え
です。片手を上から、も
う一方を下から構え、
どちらの剣先も体の中
央くらいの位置になっ
ています。上から見て
も、左右から剣先が中
央に集まっています。これは、「剣と盾（歩兵）」040のAの型の受け流しを、両方の剣
の構えで実現していると考えてください。ちなみに、脚は、下げている腕のほうを前に
します。

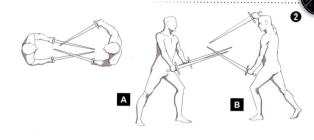

　この構えは、敵の攻撃を来た側の剣で受け（上〜右なら右手で、下〜左なら左手で）、
もう一方の剣で反撃するという、後の先を狙ったものです。

　もちろん、上段の構えから先に攻撃をしかけることもできます。このときも、片方の
剣で、敵の武器をよそに向けて、もう一方で攻撃するという形になります。

　待ちの構えとして❷のAのような**下段の構え**があります。もちろん、下段の構えか
らでも敵を攻撃できます。❸のAのように片腕（図では左腕）を使って、相手の剣を払
うのです。Aは、Bの右腕の剣を、自分の右側に払っています。こうすることで、Bの
右腕を制すると同時に、Bの左腕の攻撃をB自身の右腕で邪魔するという効果も狙っ
ています。そのうえで、Bの
右腕の脇が開いたところを、
自分の右腕の武器で攻撃し
ます。

　もちろんBも黙っていま
せん。Aの剣を自分の右へ
と押し返そうとします。しか
し、それにもAは対応できま
す。Bが剣を右へと押し返そ
うとすると、Bの左側に隙が
できるからです。この場合、
❹のようにAは右腕を横に
伸ばし、そこから開いた胴
体へと突きをいれることがで
きます。

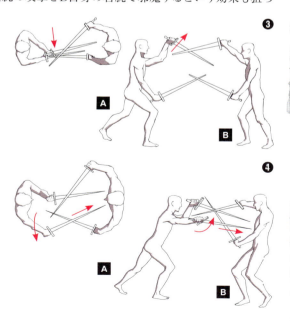

第4章 047 Rapier and Left Hand
レイピアと左手(歩兵)
Rapier and Left Hand

✚ マント　　✚ 帽子　　✚ 鞘

細い剣が主流となる時代

　近世になると鎧を着ない人が増えたので、素早く敵を攻撃でき、しかもリーチも十分にある剣として**レイピア**が利用されるようになりました。主に決闘で用いられました。誤解している人も多いようですが、レイピアは決してフェンシングのような柔い剣ではありません。基本的には突き刺しの攻撃に使いますが、斬撃も可能な十分に切れる剣です。

　しかも、決闘で敵より先にダメージを与えるため(当時の決闘はファーストブラッド＝先に血を流したほうが負けというルールが多かった)、刀身は長くなり、最大1.3mくらいあるものまでありました。あまりに長くなったため、イングランドでは刃渡り45インチ(1,143mm)以上の剣を禁止するという法律が1557年に成立したほどです。

　しかし、それをごまかすために、通常の刀身は限度内の長さでありながら、状況によって柄の部分に隠された刀身を出して長さを伸ばすことができるインチキな剣まで作られました。

　レイピアは右手で持ちます。このとき、左手は「無手」「ケープ」「ダガー」「バックラー」の4つの技法があります。他にも、剣の鞘や帽子など、あり合わせのものを利用して、少しでも防御しようともしました。

✠ 無手

　無手の場合、左手を使うか使わないかで分かれます。使わない場合は、左手を背中に回しておくことが一般的です❶。剣の戦いでは、敵の腕を狙うことが多いので、右手がやられたときには左手で戦うつもりなのです。

　左手を使う場合は、空手チョップをするような形で、顔の前少し下(視線を遮らないため)に置きます❷。これは、敵の剣を左手で受けるためです。もちろん、そんなことをしたら左手が切られてしまいますから、普段は避けたり剣で受けたりします。です

110

が、頭や顔といった致命的な箇所に敵の攻撃が当たりそうなときには左手を使います。うまく剣の腹を叩くことができれば、左手も無事で防御できます。そこまでうまくいかなかったとしても、いざというときには、頭や顔を守るために左手を犠牲にするのです。

✠ ケープ

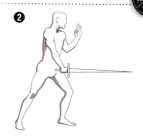

ケープとは、ルネサンス時代の男性が必ずといっていいほど着ていた短いマントです。厚みのある重い毛織り布で作られていたので、重ねればちょっとやそっとでは切れない防御力がありました。そこで、ケープを左手に巻きつけて盾代わりに使うという技法が開発されました❸。初期には、腕に固く巻きつけて腕で払いのけていましたが、16世紀ごろになると、闘牛のようにケープを垂らし、その布部分を剣に巻きつけて払うようになります。他にも、ケープを振り回すようにして敵の顔に巻きつけ、見えなくなった敵を倒すといった事例まであります。

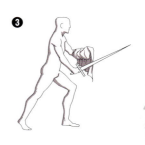

✠ ダガー

左手のダガーは、**マンゴーシュ**ともいいます。ダガーを防御に使う場合、敵の武器をいち早く受けるために、左腕を前に伸ばして構えます❹。敵の攻撃を左手のダガーで受けて、その隙を右手の剣で突くという戦いになります。このため、右手は少し引き気味に構えています。

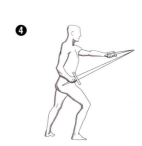

✠ 鞘

剣の鞘は、ダガーと似たような技法です。ただ、ダガーと異なり鍔がないので、敵が武器を鞘に沿ってスライドさせてくると、握った左手が危険です。常に、鞘の先に流れるように受ける必要があります。

✠ 帽子

帽子を使うのも、ケープと似たようなものですが、帽子では敵の剣を巻きつけることはできません。このため、帽子の分厚い布を活用して払いのけるようにします。

第4章 048 Rapier and Dagger
レイピアとダガー(歩兵)
Rapier and Dagger

✚ 両手武器　　✚ 防御主体　　✚ 左手の攻撃

4つの基本の構え

　右手のレイピアと左手のダガーは、厚い鎧を着なくなった時代における基本的武装の一つです。レイピアだけでも多いのですが、左手にも武器があるほうが防御にも攻撃にも都合がよいのです。

　「レイピアと左手(歩兵)」**047**のようにダガーで守って、レイピアで攻撃することが多いのですが、レイピアで守る守備重視の構えもあります。その場合の基本の構えが4種類あります。

　❶は、レイピアを鞘から抜きはなった状態の構えです。腰の長い剣を抜くと、どうしても腕を右斜め上に伸ばした状態になります。明らかに大袈裟な構えですが、これは剣を抜いた人間が、萎縮することを避け、自らを勇気づけるためにある構えです。右手のレイピアで敵を威嚇し、胸の前に持ってきた左手のダガーでコンパクトに守ります。

　❷は、レイピアを持つ手を少し下げて、体の正面に持ってくることで、攻防の構えとなっています。脚を開いている分だけ、足元の防御がしやすいようにレイピアの剣先を下げています。

　❸の構えは、レイピアをダガーと同じく中段に構えています。右脚を下げれば、敵の突きを避けられる距離が取れます。逆に前に進んで、こちらが突きを入れることもできます。横からの図なのでわかりにくいですが、右腕は右前に

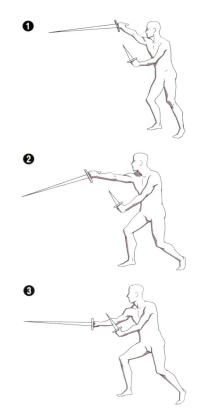

のばして右肘は右膝より外になるようにして、左腕は胸の前に置きます。

❹は、右手のレイピアで身体全体を守り、頭部を左手のダガーで守る構えです。ダガーを持った左腕を頭の上にしたため、身体の前の防御が薄くなります。そのため、右腕を右膝より内側にして胸の前に持ってきます。

いずれの構えを見ても、右手のレイピアが守備の基本となっています。レイピアを前に出して敵を威嚇することで、敵の攻撃を控えさせるのが前提なのです。実際、これらの構えから敵の武器をレイピアで払って、ダガーで刺すといった攻撃も多いのです。

基本の構えからの攻撃と防御

この4つの構えを基本として、様々な攻撃や防御を行います。

例えば、❷の構えから、右脚をさらに前に踏み込み、身体を左に捻って右肩を前に出し、右腕をさらに前に突き出す攻撃が❺です。上半身を前に倒すことによって、剣先をさらに伸ばしています。これで、レイピアの刀身分くらい前に突き出せます。

❻は、❸の構えからレイピアとダガーをクロスさせる形に移行したところです。2本の剣で敵の武器をしっかりと止める防御の体勢です。

❼は、❶に対して敵が右手の剣でこちらの右肩辺りを狙ってきたときの対抗策です。右脚を左前に出して、敵にとっての右側へと移動して、左手を右肩に持ってきて攻撃を防ぎます。この時点では右手に変化はありませんが、この後で右手のレイピアを振り下ろして敵の頭部もしくは胴体部へと攻撃するのです。

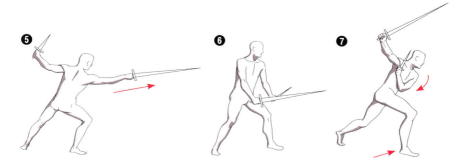

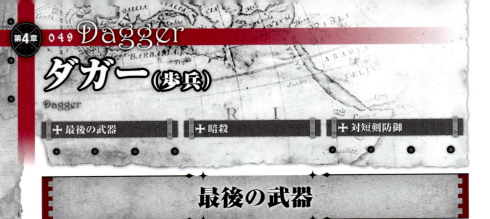

第4章 049 Dagger

ダガー(歩兵)

Dagger

+ 最後の武器　　+ 暗殺　　+ 対短剣防御

最後の武器

　手持ちの剣や槍などが破壊されたり飛ばされたりした場合、最後の武器として使われるのがダガー（短剣）です。小さくて邪魔にならないため、また、野営や調理など戦闘以外でも使い勝手がよいため、ほとんどの兵士がダガーを身につけています。

　ダガーの利点は、安価で誰でも入手しやすい点、鞘から抜いて突き刺すまでの時間が他の武器より短くてすむ点です。その意味では、暗殺に向いた武器ともいえます。

　ダガーの持ち方には、**順手❶**と**逆手❷**があります。順手は攻撃的で、逆手は防御的とされます。

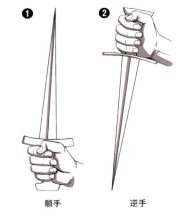

順手　　逆手

　現代では、順手のほうが有利とされています。これは、中世でも変わりませんが、当時の短剣術では逆手に持つ技法が主流でした。これは、ダガーを右腰に差していたからです。左腰には剣を吊していたので、ダガーは右腰に差していたのです。

　右腰のダガーを右手で抜くと、どうしても逆手にならざるを得ません。そして、急いでダガーを抜かなければならない状況で、逆手を順手に持ち替えている暇など、あるはずもないのです。

　短剣術には、明確な技法はあまりありません。これは、ダガーが必要とされる場面の多くは突然な状況であるので、きっちり構えている暇などないからです。しかし、それでも一応の構えは存在します。

　逆手の基本は**上段の構え❸**です。下半身ががら空きですが、逆手では、こうしないと敵に刃を突き立てられません。

　順手の基本は**狭き長尾の構え❹**です。普通に剣を構えているのとほぼ同じです。つまり、ダガーを少し短い剣として扱う方法です。

鉄の門の構え❺は、順手における「防御の構え」の基本です。ダガーの刃を左手で握り（もちろん、手が切れるほど強くは握りません）、身体の前で下げている状態です。敵の武器を両手で止めるという防御ができます。刃で手を傷つけないように、刃の腹を手のひらに当てて食い止めます。

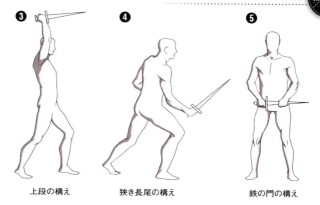

上段の構え　　狭き長尾の構え　　鉄の門の構え

短剣術で重視されるのは、ダガーで戦う術ではなく、素手でダガーを持った敵と戦う術です。自分はダガーを手にしていないので疑問に思うかも知れません。けれど、ダガーは暗殺に使われることが多く、暗殺者が素早くダガーを抜いて攻撃してきた場合、自分のダガーを抜く暇すらありません。そのため、素手での護身は、命に関わる重要事なのです。

例として、ダガーを上段の構えから振り下ろしてきた敵への対処を紹介します。

Aは逆手の前腕で、敵であるBの前腕を受けています❻。そのまま敵の腕を握り、反時計回りに回して、腕を押さえ込みます❼。

この応用として、❽のAのように、腕を敵の腕に絡めて、そのまま寄せてねじるという技法もあります。

ダガーによる戦いは、現代の短剣戦闘術も参考になるでしょう。

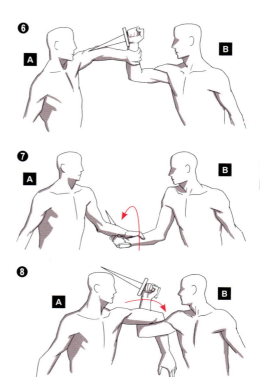

第4章 050

異種白兵戦（歩兵）
Battle with Different Weapons

✚ 攻撃範囲　　✚ 手数　　✚ 威力

武器の違いと戦法の違い

　当然のことながら、敵がこちらと同じ武器を使っているとは限りません。むしろ、異なっている場合のほうが多いと考えるべきです。このような戦いで考えるべき点は次の4つです。

- ◉ **自分の利点**：自分の武器は、敵に比べてどこが優れているか。どうしたらその利点を活かせるか。
- ◉ **自分の弱点**：自分の武器の弱点は何か。どうやって弱点をカバーするか。
- ◉ **敵の利点**：敵の武器の利点は何か。それを活用させないためにはどうすればよいか。
- ◉ **敵の弱点**：敵の武器の弱点は何か。どうやって弱点を突くか。

　戦いの訓練を受けた人間は常にこの4つを意識しつつ戦います（理屈ではなく、直感的に判断するタイプの人間もいます）。これによって、戦いに知性と戦術性を出すことができます。逆に、こういうことを考えられない粗暴なだけでの敵を出すと、対比で主人公の有能さが見せられます。

　一例として、剣と槍の戦いで考えましょう。この場合、何よりも戦闘距離の有利不利が行動の大きな基準となります。剣を持つ側は近づこうとし、槍を持つ側は遠ざけるのです。

　その基本を踏まえた上で、様々な技法があるわけです。

　❶では、Bの槍に対して、Aは剣をハーフソードで構えています。剣の攻撃範囲にBは入っていませんが、槍の攻撃範囲にAは入っているので、Aは防御を優先しているのです。

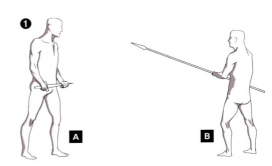

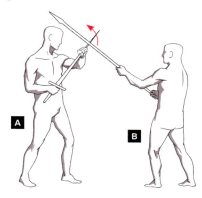
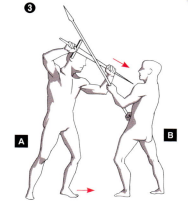
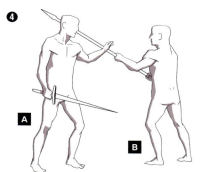
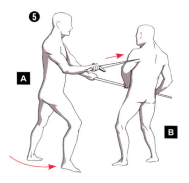

　Bが一歩前に出ながら槍を突いてきた場合、Aは剣を上げて槍先を跳ね上げます。❷では、刀身を握った左手を上げて剣先で跳ね上げていますが、両手を上げて、両手の間の刀身で跳ね上げることもできます。この辺りは、その後の行動予定によって受け方を変えます。

　❸では、Aは剣で槍を持ち上げたまま前進して、Bの槍の攻撃範囲から外れています。そして、そのままで剣先を敵の鎧の隙間を狙って突き出します。

　❹では、❶の構えからAは剣を握った左手を放して、その手でBの槍を握ります。槍の弱点は、近寄られると攻撃しにくいという点以外にも、敵にダメージを与えられるのが穂先だけで途中は単なる棒なので敵につかまれやすいという点があるのです。

　次に、Aは槍を握って引きます。すると、Bは武器を奪われてはたまらないので、力を入れて引っ張り返そうとします❺。この引っ張りあいに勝つ必要はありません。逆に、Bの引く力も利用して前に出て、剣でBを突きます。Bは槍を引っ張るために力を入れているので、とっさに避けることができません。

武装格闘術(歩兵)
Kampfriegen

✚ 押し倒し　　✚ 押さえ込み　　✚ 首切り

最後の手段

　鎧を着ていても、すべての武器を失ってしまう場合があります。また、鎧を着た兵同士が近づいて組み討ち状態になると、もはや大きな武器を使う余地がありません。

　そこで、鎧を着た状態での格闘術が必要となってきます。中には、プレートメイルでの格闘術や、騎馬状態での格闘術というものまで存在します。

　重要なのは、次のように鎧を着ていることによる状況の変化です。

● 鎧で守られているので、殴ってもほとんど効果がない。
● 鎧によって、手脚の可動域が少ない。
● 鎧が重いので、転倒すると立ち上がるのが困難。
● 倒れた敵を組み敷いて、動けなくするのは比較的容易。

　このような状況での格闘術を**武装格闘術**といいます。注意すべきは、ダガーは持っていても格闘に入ることです。なぜなら、ダガーは押さえ込んだ敵の首を切る武器だからです。

投げと押さえ込み

　武装格闘術では**投げ**と呼ばれていますが、実際には敵を転倒させて、押さえ込みに入るための技です。

　❶では、AがBを転倒させようとしています。図では省略していますがどちらも鎧を着ています。

　まず、Aは、Bの左側に出るために、Bの左腕を外側から叩いて胴体の前にもってこさせます。こうすることで、身体の左側が無防備になっています。そして、Aは、Bの左側に出て、右脚をBの左脚の後ろに踏み込みます❷。

次に、AはBの左脚を自分の脚で挟みます。これは、Bの逃げ場を塞ぐという意味もあります。プレートメイルなどを着ていると、脚の可動域の問題で、脚を大きく開いて転倒を防ぐことができないからです。その後で、左手で敵の顔面を強打します。

その勢いで、Aは右手でBの肩を引っ張り、後ろに倒します❸。Bは左脚がはさまれているせいで、右脚を大きく開いて踏ん張ることもできないので、後ろへ倒れてしまいます。

転倒は、鎧を着た敵に有効な攻撃です。なぜなら、鎧込みだと体重は1.5倍ほどにもなります。この重さで転倒すれば、敵の肉体により大きな転倒ダメージを与えることになります。

後は、押さえ込んでダガーを抜いて息の根を止めます。無い場合は、ヘルメットのカバーを開けて、顔を殴りつけます。❹は、左から腕を押さえる押さえ込みです。Aは、両足でBの左腕をはさんで抑え、自分の左腕を使ってBの右腕に体重を掛けて押さえ込みます。この押さえ込みは、Bの脚が自由になっているので、時間が経つと脱出されてしまいます。できるだけ早く息の根を止める必要があります。

また、ダガーは、自分のではなく、敵のダガー（基本的に右腰に履いてある）を抜いて使うと、敵は武器を失い、自分はダガーを温存できるので理想的です。

敵を転倒させる方法には、他に**膝折り**もあります❺。鎧は膝を打撃や斬撃から守ってくれますが、関節技からは守ってくれないのです。この技では、敵の脚を蹴るというよりも、踏みつけるようにして膝関節を折ります。体重をかけたほうが、効果が高くなります。

武装格闘術には、他にも、敵が武器を持っているときに素早く間合いに飛び込んで格闘に持ち込む技や、倒れた敵に対して胴体のサーコートをまくり上げたり、その辺の土をすくってヘルメットにぶちまけたりすることで視界を奪う目隠し技まであります。

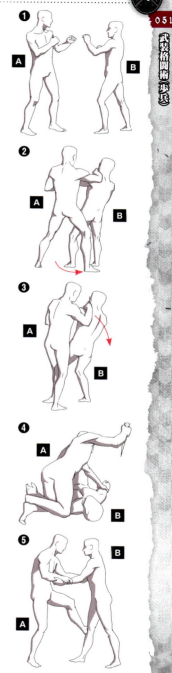

ランス(騎兵)

Lance

- ランスチャージ
- ランスレスト
- 拍車

ランスチャージ

　騎士の代表的攻撃手段は、ランスを使った**ランスチャージ**(突撃)です。乗馬すると、それだけ背が高く身幅も大きくなりますが、腕の長さは元のままなので、通常の武器では敵に届きにくいのです。そこでランスを使って、敵に届きやすくします。

　ランスチャージ時は、基本的に自分の左側を敵の馬が通過するようにします。右手のランスを敵に当てることは難しくなりますが、その代わり自分も左手の盾で敵のランスを防ぎやすくなるのです。重装騎兵は、戦場に存在してその威圧感を出し続ける役目があるので、防御を重視した攻撃方法になります。

　馬上でランスを扱うときのコツを5つ紹介します。

✠ 体重をかけて突かない

　突くときに体重を前にかけると、身体が動かしにくくなって反撃を受けやすくなります。それに、攻撃が外れたときに、勢いがつきすぎて馬から転げ落ちるかも知れません。衝突の瞬間に、❶のようにしっかりランスを握っていれば、馬の体重も乗っていますから敵を倒すには十分な勢いが出せます。わざわざ体重を乗せる必要などないし、そうすると馬の体重が乗らないので、かえって弱くなるのです。

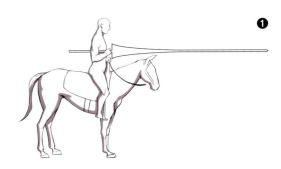

❶

✠ 後弓を高くして腰を支える

　後弓とは、鞍の後ろ側のことです。これは、衝突時に、ぶつかった勢いで飛ばされないためです。

✠ 拍車は、頻繁にかけてはいけない

　拍車とは、足のかかとにつけたトゲで、馬を刺激するために使います。無能な乗り手は、突撃のときに拍車を無闇にかけ（トゲで馬を刺激すること）、衝突の寸前に踏ん張って槍を構えるために拍車を止めてしまいます。すると、馬はもう走らなくてもよいと思い、急激に速度を落としてしまい突撃に失敗するのです。

✠ ランスレストの活用

　騎士のプレートメイルの右胸には、❷のようにランスを支える金具**ランスレスト**があります。これは、槍を脇の下に抱えるための金具です。ランスには、**グラッパー**という円盤がついていて、ランスレストの前に噛ませておくと、衝突したときにランスが後ろに滑って攻撃力を損なうことを防ぐ役割も果たします。つまり、自分と馬の体重が十分に乗った突撃ができるのです。

✠ ランスの構え

　意外かも知れませんが、ランスを構えるときは、❸のAのように左斜め下に向けておきます。Bのように、敵に真っ直ぐ向けるのは、衝突の瞬間だけです。

　これは❹のように、衝突のときに、敵のランスを下から跳ね上げるためです。跳ね上げた後、そのまま敵のランスの下に沿って滑らせることで、こちらのランスの先が敵の胴体に当たります。なぜなら、敵はランスを脇の下の高さに構えているので、敵のランスの下に沿って滑らせれば、自動的にランスの先端は敵の胴体の高さになるからです。

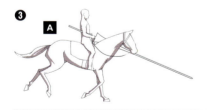 

 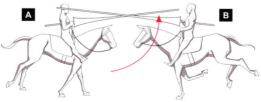

サーベル (騎兵vs騎兵)

Saber

✚ サーベル　　✚ 構え　　✚ 型

サーベル剣術

ナポレオン時代になると、もはや銃が一般的なものになり、厚い鎧を着る兵はいなくなりました。このため、鎧の上から殴りつけるような分厚くて重い直剣ではなく、なで斬るような**サーベル**（曲刀）が主流になります。騎兵として銃兵を相手にする場合、ランスで突っ切るよりも、敵隊列の中でサーベルを振るほうが、多くの敵にダメージを与えられるので、ずっと有効です。

サーベルの基本の構えは、ガードと言い、右手に持ったサーベルを顔の高さくらいに真横に構えるものです❶。このとき左手は手綱を持ちます。この構えを取った騎兵が集団で突撃してくると、敵の歩兵は恐れたものです。

基本的にサーベルは右手で持っていますから、併走して戦う場合、自分の右手側に敵を置くのが有利です（この時代は盾を持っていません）。このポジションを取れば、自分は右手ですぐに攻撃できますが、敵は身体を捻るか、右手を左側に思いっ切り回すかしなければならなくなるので優位に戦えます。さらに、少し離れて併走すると、こちらの剣だけ届いて、敵の剣が届きにくい間合いすらあります。

逆に、左手側からの攻撃を受けると、不利になります。このため、防御の型は基本左手側からの攻撃に対処するものになっています。

防御の型

イギリスとフランスで、防御の型にも違いがあります。❷❸の図は、イギリス兵に色をつけて、フランス兵を白色のままにしています。

❷は、Bから突きを受けた場合のイギリス型の受けです。Aはガードの形から、右手を少し下げ、剣を立てて、左向きに払います。こうすることで、敵の剣先を自分の後ろに流してしまうのです。

❸は、フランス型の受けです。Aはガードの形から、剣先を少し下げつつ腕を左へ回します。そして、敵の剣先を跳ね上げて、上に流しています。

しかし、❹のように、共通している型もあります。というより、この場合は、他にやりようがないのでしょう。左後ろから、胴をなぎ払おうするBへの対処です。Aは身体を左へひねり、腕を肩から上げて、切っ先を下にします。そして、剣を自分の胴体の左側に縦に構えるようにして、敵の斬撃を止めるのです。前腕は顔より上に上げておくようにします。さもなければ、自分の腕で敵が見えなくなってしまいます。

さらに、騎兵対騎兵では、馬を狙う場合もあります。

❺は、Aが自分の左側を通過するBの馬の頭を右から攻撃したところで、Bは馬の頭の左側を守っています。右手を伸ばしての防御なので、こういう型になります。

❻は、Aが自分の右側を通過するBの馬の頭を左から攻撃したところで、Bは馬の頭の右側を守っています。右側なので、右手はより前に出ますから、この型で守ります。

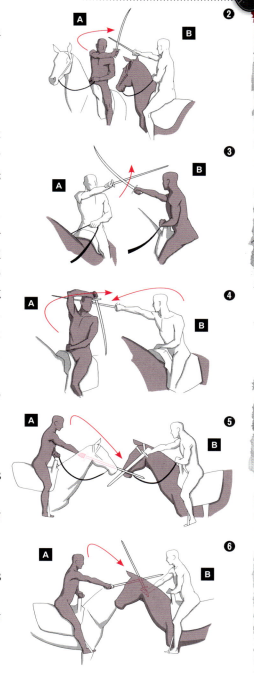

サーベル(騎兵vs銃兵)
Saber

＋銃剣　　　＋防御　　　＋接近戦

銃剣と戦う

　銃が発達することで、騎兵の活躍の場は、ますます狭くなってきました。それでも、騎兵とその剣が役立たずになったわけではありません。特に、騎兵銃やピストルで、敵の銃と撃ち合って混乱させた後での騎兵突撃は大変有効で、銃兵は身を守ることすらできず、ただ狩られる得物でしかありませんでした。

　しかし、17世紀になって銃兵が**銃剣**を使うようになると、その圧倒的優位は失われました。それまでは、銃兵は騎兵に対して無力で、槍兵に守ってもらうしかない兵でしたが、銃剣によって自らを守り、騎兵に反撃できるようになったのです。それでも、日露戦争までは敵の銃兵を蹂躙する兵力として、騎兵は使われ続けました。

　しかし、騎兵の剣(サーベル)と銃兵の銃剣では、銃剣のほうがわずかながらリーチが長いので、先に攻撃されてしまいます。騎兵はいったん敵の攻撃をかわすか払うかして、その後の反撃で敵を倒さなければならなくなりました。

　銃剣を持つ銃兵に対する騎兵のサーベル突撃は、❶のように防御を考えた姿勢で行われます。

　右手を馬のたてがみのあたりに置き、刀身はたてがみに沿わせるように前に向けます。身体は、少し右前方に

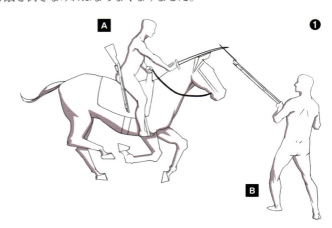

傾けておきます(バランスを崩すほど傾けてはいけません)。こうすることで、少しでも右手のサーベルを、敵であるBに近づけるのです(敵が自分の右前方に来るように移動

します)。この構えは、敵の戦列から250フィート（約76m）離れたところで行います。馬上で銃を撃ち敵を混乱させてから、突撃の構えに入るので、この距離になります。

　左手は馬の操作ができるよう手綱を握っておきます。急な退却や、突入箇所の変更など、馬を操作する必要もあるからです。

　この構えから、銃剣の攻撃を払います。銃剣でできるのは突き刺しだけなので、騎兵は、敵が馬を狙っているのか自分を狙っているのかを判断して反撃します。

　まず、銃兵が馬を攻撃してきた場合です。馬の頭を狙われたときは、サーベルが届かないので馬を操作して避けるしかありません。しかし、馬の頭のように突撃中に大きく動く小さな部分に銃剣の突きを当てるのは困難ですから、滅多に狙われることはありません。

　銃兵が最も狙うのは、❷のように馬の胴体です。この場合、騎兵はそのまま刀身を下に向けて、反時計回りに刀身を回して、敵の銃剣を跳ね上げます。身体は、少し起こすようにすると、剣の勢いがつくので、払いやすいでしょう。

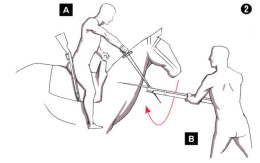

　ちなみに自分の脚を狙われたときも同じです。実際には馬の胴を狙っているのか、自分の脚を狙っているのかの区別は困難といえます。

　銃剣の剣先を馬体から外して馬で近づけば、銃兵は銃剣で突きにくい距離になります。近くになれば、騎兵のサーベルのほうが上からの高さがある分だけ有効です。

　❸は、銃兵が、馬ではなく自分の上半身を攻撃してきた場合です。銃兵が、こちらの顔もしくは胴を狙って突きを入れてきたときは、騎兵は右手を引くようにして（**起こし受け**という）、銃兵の銃剣を右外に向けて払います。また、銃兵の腕、特に前に突き出している左腕を攻撃することで、敵の攻撃を止めることもできます。

　さらに、銃兵が下手で、起こし受けを行わずにすんだ場合は、❶の構えから、右下へと切り捨てることもできます。

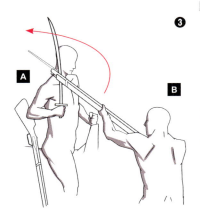

鎧(武者)
Yoroi

＋可動性　　＋隙間　　＋スケイルメイル

鎧の有無

　戦国時代の戦いは、江戸時代のチャンバラとはまったく異なる戦いでした。江戸時代の人々は、素肌(裸ではなく着衣だけという意味)で戦います。急所を守ってくれるのは、布きれ一枚です。

　しかし、戦国時代の合戦では、鎧を着ています。急所は隠されているのです。このような敵を相手にする場合、江戸時代の剣術が通用しないのは当然です。

　鎧を着た敵を、攻撃するには次のような方法があります。

● 鎧を貫くほどの強力な攻撃をする。
● 鎧の隙間を狙って、身体を攻撃する。
● 鎧があってもなくても関係ない打撃武器による攻撃をする。
● 敵を転倒させてから押さえ込んで、致命傷となる攻撃をする。

　基本的には、西洋の鎧を着ている敵と戦う場合と変わりません。しかし、日本の鎧は、西洋の鎧と構造が違うので、その利点や弱点も異なります。

鎧とその弱点

　日本の鎧は、西洋の鎧よりも可動性を重視しています。このため、鉄片を紐でくくってブラインドのようにぶら下げた構造になっています。このような鎧(ヨーロッパでいうスケイルメイル)は比較的隙間が多くなります。また、身体を覆う構造の鎧ではなく、上部だけ止めてぶら下げるような構造(錣や草摺、袖など)になっているところが多く、めくり上げられると弱いという問題があります。それでも、重量と防御力を考えれば、十分に優秀な鎧です。戦国時代に一般的に用いられた**当世具足❶**の、各パーツの名称を次に記します。

個人戦闘　第4章

鎧（武者）

- ● 兜：頭を守る。兜のうち、頭頂部を守るお椀型の部分を「鉢」という。
- ● 錣（しころ）：兜の鉢からスカートのように下がっている部分で、首の左右と背後を守る。
- ● 面頬（めんぽお）：顔面を守るものだが、つけない武将も結構多い。
- ● 咽喉輪（のどわ）：首の前面を守る。
- ● 袖：肩から上腕部を守る。
- ● 籠手（こて）：下腕部と手の甲を守る。裏側は開いている。
- ● 胴（どう）：胴体を守る。
- ● 草摺（くさずり）：胴の下にぶら下げある、4〜8枚の長方形で、腰を覆っている。
- ● 佩楯（はいだて）：太腿にくくりつけて、太腿を守る。
- ● 脛当（すねあて）：下腿を守る。前半分だけのものもある。
- ● 甲がけ：足の甲を守るために、草履にくくりつける。

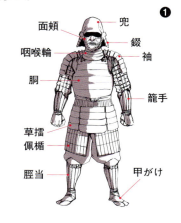

　日本の鎧は可動性を優先しているため、比較的鎧が薄かったり、形の関係上どうしても鎧で防げない部分が存在します。鎧の弱点は、基本的には突きで攻撃します。主な弱点を❷に示します。

- ● 顔面：顔は、面をつけて守る場合もある。
- ● 肩の隙間（しころ）：兜に当たって、錣に沿って降りてきた刃が、食い込むことが多い。
- ● 首：可動部なので、隙間が大きくなりやすい。
- ● 腕の内側：日本の鎧は、腕の内側に装甲がない。
- ● 脇の下：装甲がない部分で、しかも武器の振るい方によっては、大きく開いて隙ができる。
- ● 胴と草摺の間：草摺と胴の間は取りつけ可動部なので、隙間がある。
- ● 草摺の隙間：草摺は長方形のブラインドのようなものをぶら下げてあるため、隙間が存在する。
- ● 膝と脛：膝は可動部分なので鎧がない。脛も前には装甲があるが、後ろにはない。
- ● 足の甲：足は草鞋だけで甲がけを着けていないことも多いため、簡単に攻撃できる。しかも、足の甲を突き破られると、まともに歩けなくなる。そうなれば戦闘要員としては死んだも同然。槍の石突きなどで攻撃する技もある。

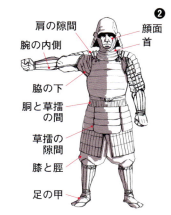

槍（武者）
Yari

第4章 056

+ 個人戦　　+ 集団戦　　+ 間合い

槍の色々

ヨーロッパの槍といえばスピアとパイクですが、この2つは用途が違います。スピアは集団戦でも個人戦でも使える武器ですが、パイクは完全に集団戦用の武器です。

日本では、スピアに相当する槍を**持鑓**、パイクに相当する槍を**長柄槍**といいます。

長柄槍は、足軽の集団戦用です。その使い方などは、「足軽」016で紹介しています。「臆病で弱い兵ほど、長い槍を好む」といわれます。織田信長の率いる尾張兵は弱兵で有名でしたが、その分、少しでも敵を遠ざけて叩きたいという欲求から、3間半(6.3m)の槍を使っていました。逆に、強兵で有名な越後の兵は2間半(4.5m)ほどの短い槍を使ったとされています。長柄槍の平均は、3間(5.4m)の槍です。

持鑓は、次に示したように用途に合わせた名称があります❶。長さも用途ごとに異なりますが、あくまでも標準的な長さです。各自が自分の好みの長さで槍を作っていたので、範疇に入らない長さの槍も多くあります。

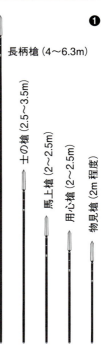

❶
長柄槍(4〜6.3m)
士の槍(2.5〜3.5m)
馬上槍(2〜2.5m)
用心槍(2〜2.5m)
物見槍(2m程度)

● **士の槍（2.5m〜3.5m）**：徒歩武者の槍。
● **馬上槍（2m〜2.5m）**：騎馬武者の槍。一般には馬に乗ったときの自分の高さと同じくらいの槍が使いやすいとされている。
● **用心槍（2〜2.5m）**：江戸時代に、自宅に常備していた槍。屋敷で敵に襲われたとき、鴨居などに掛けてある槍（必ず槍先が左、石突きが右になるようにかけておく）をつかんで応戦する。ただし、テレビドラマ『水戸黄門』や『暴れん坊将軍』などではこのような描写はあまりない。屋敷に乗り込まれたほうの武士は槍を持ち出して応戦するはずだが、こうすると槍が有利すぎて黄門様や将軍様が勝てないからだと思われる。

● **物見槍（2m程度）**：偵察任務の武士が持つ槍。目立ちすぎないように、しかし、いざとなったら戦えるように、少し短めの槍を装備していた。

槍の構え

槍は腕で突いてはいけないとされます。槍の穂先側を握る左手は、添えるようにして動かさず、手の中で槍が滑るようにします。そして、槍の石突き側を握る右手を動かすことで、槍の突きと戻しを行うのです。

特に、素早く戻すことが重要です。というのは、突いたままぼうっとしていると、敵が槍の柄をつかんでくるからです。

右手を槍の石突きからどのくらい離すかは様々です❷。通常は、石突きの近くを握ることで、できるだけ遠くまで突けるようにします。

しかし、わざと石突きから1〜2尺（30〜60cm）ほど離れたところを握ることがあります。特に、他人より長めの槍を使う武士が行います。こうすることで、敵に槍の間合いを勘違いさせるのです（右手の後ろにどれだけ柄が伸びているかは、対峙している敵からは大変見えにくい）。そして、敵がこちらの間合いを把握したと思い込んだときに、握りを変えて、先ほどより遠くまで伸びる突きによって敵を倒します。

左手の滑りをさらによくするために、**管槍❸**を使うこともあります。これは、図のように槍が通るパイプです。先に丸い板状のものがついていますが、これは刀の鍔と同じく、敵の武器が槍の柄を滑ってきて、手首を切られるのを防ぎます。この管槍を左手でしっかり握り、槍の向きをきっちりコントロールすることで、右手で素早く槍を動かすことができます。

❷ 構え方

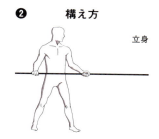

立身

前掛け

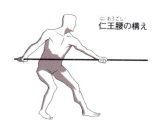

仁王腰の構え

❸

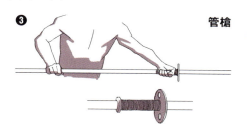

管槍

第4章 057 Kaisha-Kenjutsu
介者剣術（武者）

Kaisha-Kenjutsu

| ✚ 鎧 | ✚ 戦法 | ✚ 攻撃的 |

鎧と刀

　ヨーロッパの剣と同様、刀は携帯に向いた便利な武器です。鎧を着ているときも、普段着のときでも、刀は腰に差すことができます。しかし、戦場では、刀は中途半端な武器です。武士が戦場で主戦力とする武器は、弓と槍で、刀ではありません。

　しかし、弓や槍のように大きなものは、戦場で壊れたり失ったりする可能性があります。そういう緊急時に、腰の刀が役立つのです。しかも、普段着のときでも持ち歩けます。常に腰にある刀は、最も使いやすい副武装だったのです。

❶

　このようないざというときのために、刀でも鎧武者を倒す方法が考えられました。明確な流派というものはありませんでしたが、各自が研究したり、流派に伝えられる技の一つだったりと、鎧を倒すための工夫が残っているのです。それらの技を、後世になって**介者剣術**（かいしゃ）と呼んでいます。つまり、介者剣術の流派などはありませんが、介者剣術の技は存在するのです。

　介者剣術の基本の構えは、❶のように、まず足を大きく開き、腰を低くすることです。これは、重い鎧を着ているため、倒されたらその時点で詰むからです。

　そして、脚を開いたままで、跳び歩きをします。一瞬でも脚を揃えていたくないからです。

❷

　顔は下向きにして、上目遣いで敵を見ます。これは、できるだけ弱点である顔（特に目）を晒さないようにするためです。

袖（肩につける長方形の覆い）は、前に垂らして、胸の装甲の足しにします。❷のような大鎧の場合は、左肩を前に出して、袖を盾のように使います。

攻撃するときは、刀が兜や前立てに引っかからないように、❶のように斜めに持って、斜めに振り下ろします。もしくは、真っ直ぐ突きを入れます。

稚拙だが実用的

介者剣術は、防御を鎧に任せ、刀で攻撃することで敵を倒します。実際、介者剣術は、剣術としては稚拙なものが多く、鎧を着てない状態であれば、通常の剣術使いにはまず勝てません。介者剣術が活きるのは、鎧武者同士の戦いにおいてなのです。

黒田藩の家臣で武功の士として知られた野口一政が道場で兵法家と戦いました。しかし、一政は木刀を左腕で受けて、右の木刀を突き出すということしかできませんでした❸。

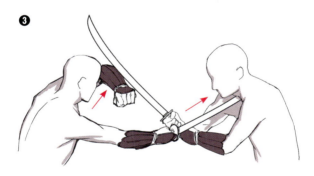

兵法家が、「自分の手を切り落とされて戦う武者がいるものか。腕で受けるのはお止めなされ」と非難すると、一政は「私は、常にこの方法で戦場を生き延びてきた。信じられぬなら我が家に来られよ」と答えました。

一政の具足櫃を開けてみると、中には、太刀跡が無数についた頑丈な鉄の籠手がありました。一政は「盾の代用とすべく、特に念入りに筋金を入れさせ申した。戦場のやりとりは常にこうでござる」と、兵法家に教えました。

そして、一政の太刀は、見た目は粗末でしたが、直刀に近く先にだけ刃がある頑丈極まりないものでした。これも、敵の鎧の隙間を突くものとして真っ直ぐに作られ、しかも隙間を突けずに鎧に当たってしまっても壊れないように作られたものです。

介者剣術とは、技というよりは戦い方だったのです。

Column　空飛ぶ魔法使い

　魔法使いは、箒にまたがる魔女のように空を飛ぶことも多くあります。その場合は飛行兵科に含めることもできます。

　空飛ぶ魔法使い部隊が存在する場合、上空から地上へとファイアーボールのようなエリア魔法攻撃を行う部隊として運用するのが最も効果的です。まず、上空から、魔法攻撃が届く高さに降下します❶。次に、魔法攻撃を行います❷。最後に、できるだけ早く敵の反撃が届かない上空へと戻ります❸。

　上空からの攻撃魔法が敵に届く高さまで降下するということは、地上にいる敵魔法使いの攻撃魔法も空飛ぶ魔法使いに届くということです。地上の敵は降下に合わせて反撃を狙ってきます。降下中が最も危険な時間なのです。この辺りは、急降下爆撃機と対空砲の関係と同じです。急降下爆撃機の戦訓に従えば、降下角度が急で速度が速いほど、敵の反撃を受けにくく安全ですが、そのような降下は恐ろしく、誰もができるわけではありません。

　地上の注意を次のような方法で逸らして降下することもあります。いずれも敵に誤認させるものです。

- 🔴 **降下速度をゆるめる**：わざと降下速度をゆるめてタイミングをずらす。上空の敵の高度は見ただけではわかりにくいので、わざとゆっくり降下されると間違ったタイミングで魔法を撃つことがありえる。
- 🔴 **囮部隊を投入する**：囮部隊が敵の射程ぎりぎりまで降下する。そして、敵がそちらに気を取られているうちに、本部隊が降下して攻撃する。
- 🔴 **投げ槍や投石などを投下する**：降下するふりをして、敵の射程外から投げ槍や投石などを行う（可能なら、爆弾投下）。投下であれば、魔法の射程内まで降下する必要がない（命中率は下がる）。敵は魔法攻撃なのか、投下なのかがわからず、反撃のタイミングに悩む。

　このように、空飛ぶ魔法使いは、反撃を受けにくくする工夫によって、身の安全を確保します。

戦術

第5章 Tactics

戦術とは、戦いを有利にするための様々な策のことです。戦術がうまいと、戦いで勝利できるようになりますし、負けるときでも損害を少なくできます。本章では基本となる戦術について解説します。指揮官や軍師のキャラクターに有効となる章です。

ゲームシナリオのための
戦闘・戦略事典

第5章 058 Combat Power

戦闘力
Combat Power

- ✚ 攻撃力
- ✚ 防御力
- ✚ 機動力

様々な戦闘力

　戦闘において「敵はどこが強い」「味方の勝ち目はここだ」という話をするためには、まず**戦闘力**とは何なのか知る必要があります。戦闘力の様々な面を知ることができれば、それぞれの面を活用した様々な勝利の仕方があることがわかります。

　戦闘力とは、ある個人もしくは部隊が、敵を倒す能力のことをいいます。単純に敵に与えるダメージ量だと考えてしまいがちですが、米軍の野戦教範でも、次の4つを戦闘力の要素と規定しています。

- ◉ **攻撃力**：敵にダメージを与える力。攻撃力には、火力と衝撃力の2つがある。
  - ● **火力**：火力は武器のダメージと、命中精度の積で表される。100のダメージを与える攻撃でも、30％しか命中しないのなら、攻撃力は30相当といえる。射程の長さなども、火力に含む場合もある。
  - ● **衝撃力**：突撃の強さを表す。物理的強さに加えて、攻撃される側への心理的衝撃も含んだ値。現代戦なら戦車の突進が衝撃力を最も発生させるが、中世の戦闘では、騎馬兵力（特に重装騎兵）の突撃が衝撃力を生む。特に、装甲の無い歩兵にとって、騎馬の突進は恐怖以外の何物でもない。
- ◉ **機動力**：その個人・部隊が、どれだけの速さで移動できるかを表す。一見地味だが、非常に重要な能力。せっかくの攻撃力も、必要なときにそこにいなければゼロに等しい。単純に、「**戦闘力＝攻撃力×機動力**」とする場合もある。機動力も、移動力と運動力に分けられる。

134

- **移動力**：戦場での移動速度を表す。移動速度は、脚の速さと編制で決まる。部隊が編制を崩すと移動力は低下する。移動しやすい編制と移動しにくい編制があり、さらに真っ直ぐなら進めるが曲がりにくいとか、後ろへはゆっくりしか進めないとか、そういった制限のある編制もある。
- **機動力（狭義）**：狭義の機動力は、戦場から戦場への移動、後方から戦場への移動といった戦場以外での移動の速度を表す。こちらは、脚の速さよりも、交通路や兵站の影響が大きい。鉄道などが利用できれば速くなるし、水や食べ物を自力で担いで移動すると機動力は落ちる。この機動力は作戦や戦略を発揮するために必要な速さといえる。

◎ **防御力**：敵の攻撃をどれだけ防げるか。鎧を着ているならそれは当然防御力だが、塹壕や馬防柵を作る工作能力があるなら、それも防御力の一つ。ファンタジー世界であれば、魔法に対する防御力も考えられる。

◎ **指揮能力**：これも、統制力・指揮力・扇動力などに分けられる。

- **統制力**：部隊をまとまって動かす能力。部隊の通信能力に左右される。
- **指揮力**：部隊を適切に使う能力。指揮官の才能で決まる。無駄なところに部隊を送ったりしては勝てない。
- **扇動力**：兵士の士気を上げる能力。指揮官の人格や補給などによって左右される。士気が下がると、ちょっとしたことに動揺し、まともに戦えない。

最近では、次のような要素も戦闘力に含めるべきだという主張もあります。

◎ **情報力**：敵や味方の戦闘力や位置、戦局の有利不利を知る能力。敵の指揮官の性格や能力、敵の使用している武器の能力などについての情報を集めることも情報力に含まれる。これらは、部隊をどこに配置し、敵のどこを攻撃すべきか判断する基礎となる情報で、特に現代戦においては必須とされる。情報部や偵察部隊などの能力で決まる。

◎ **兵站力**：戦い続けるために必要な物資やサービス（兵站）を用意する能力。これが不足すると、戦闘力は一気に下がる。また、故障・損傷した武器の修理能力も兵站の一部。大部隊同士の戦いでは、兵站力が勝敗を左右することも多い。

このような項目を総合判断して戦闘力を判定します。攻撃力だけが戦闘力ではないのです。また戦闘力は環境によって変化します。例えば、強力な騎兵も、城攻めは苦手ですから、攻城戦における戦闘力は低く見積もる必要があります。これがわかれば、物語でも戦いごとに異なる勝因での勝利を演出することができます。

第5章 059 Basic Principle of Battle
戦闘の原則
Basic Principle of Battle

- 主動
- 機動
- 奇襲

9つの原則

　物語の戦いでは、「運だけで勝つ」「どう見ても無謀な戦いなのに理由もなく勝つ」といった展開を続けてしまうと読者が白けます。現実には、なぜ勝てたのかわからない勝利もありますが、物語だからこそ理由が必要です。

　戦闘の勝利を描くためには、いくつかの原則を守って、それに則った行動をさせなくてはなりません。この原則は、様々な本に、様々な形でまとめられていますが、ここでは、ジョン・フレデリック・チャールズ・フラーの**9つの原則**を取り上げます。これらの原則は、現在でも米軍や自衛隊で士官教育として教えられています。

1. **目的の原則**：軍事作戦の目的は、きちんと定義された、明白かつ達成可能なものでなければならない。つまり、目的が何で、そのために何をすればよいか、明白である必要がある。しかも、目標が達成不可能な目的は、実行者の意欲が失せてしまう。
2. **主動の原則**：米軍では攻勢の原則とされるが、自衛隊では「主動」と訳されている。戦いの主導権を握って、それを活用する。どんな作戦を行うかをこちらが決めて、敵にはその対処で手一杯にさせる。これが主導権を握っているということである。
3. **集結の原則**：戦力を、戦闘の決勝点に集中させて用いる。つまり、戦力は集中させておいて、戦いの結果を左右する重要地点にタイミングよく、その戦力を用いる。
4. **戦力の経済性の原則**：決勝点でない場所は、できるだけ少ない戦力ですませる。あれもこれも守りたい、あれもこれも攻め取りたいといった欲が敗北を招く。時には、非情な決断によって、土地や人を切り捨てなければならないが、そのときにためらってはならない。

5. 機動の原則：自らの素早い機動によって、必要な時と場所に戦力を集中させる。また、敵軍を振り回して、役に立たない場所に置き去りにする。機動が速ければ、敵は味方の出現を予測できない（奇襲）し、先に軍を集結できる（集結）。さらに、主導権も取りやすい（主動）。防衛戦でも、少数で敵を足止めしつつ集中した戦力で敵軍を次々に叩くという、「内線作戦」**101**の機動防御もできる。

6. 指揮の統一の原則：命令系統は明確でなければならない。だれの命令を実行すべきか明確で、その人以外の命令は聞かなくてよいことがわかっている状態にする。有能であっても、指揮権を有する者が複数では勝ち目は薄い。まして、無能な指揮権者が複数だと敗北は決定的だ。命令系統が明確でも、トップの精神が脆弱で朝令暮改でもいけない。緊急時の果断な命令変更は必要だが、必要もないのに命令変更を頻発するようではやはり勝てない。

7. 防備の原則：いざというときに備えておく。敵に奇襲や、予想外の攻勢などを許してはならない。敵の情報を収集して、その行動を警戒しておく。また、敵が動いたときのために、緊急に展開できる「予備」**069**を用意しておく。

8. 奇襲の原則：敵が準備をしていない時と場所に、予期しない方法で、決定的な攻撃を行う。奇襲には様々な側面がある。敵の予期しない時と場所を攻撃する、という通常考える奇襲（戦術的・作戦的奇襲）の他に、技術的奇襲（今までになかった戦闘方法を利用した奇襲）、戦略的奇襲（戦争になると思っていなかった敵を、戦争準備ができていないうちに攻撃する）などがある。「奇襲」**067**参照。

9. 単純の原則：軍事的命令は、命令を受けた者がその目的や実際の行動をすぐに理解できる単純明快なものでなければならない。戦争は、予期しないトラブルが次々と発生する。このため、あまりに複雑な作戦は、途中の齟齬によって必ず失敗する。

　これら9つの原則は、第一次世界大戦後にイギリスで提唱され、現代では世界中の軍が教えている戦闘の基本です。兵はともかく、士官なら誰でも知っています。

　しかし、この原則を守らず、敗北した国家は数多くあります。

　大日本帝国はこれらを無視して戦って敗北しています。参謀が勝手に命令を下し（指揮の統一の原則）、無意味な中国に大軍を置きっぱなしにし（戦力の経済性の原則）、そして何より戦争の目的すら明確でありませんでした（目的の原則）。

　アメリカですら第1原則を守らなかったせいで、ベトナムで敗北してしまいます。

　原則を生かすも殺すも人間です。原則が無視される原因は、「当人の無能」「上からの強制」「部下の命令違反」「面子や意地」など様々です。そこからほころびが生じ、敗北につながります。しかし、だからこそ人間的であり、物語の素材となるのです。

第5章 060 Lanchester's Law
ランチェスターの法則

Lanchester's Law

+ 標準
+ 数の優位
+ 能力の差

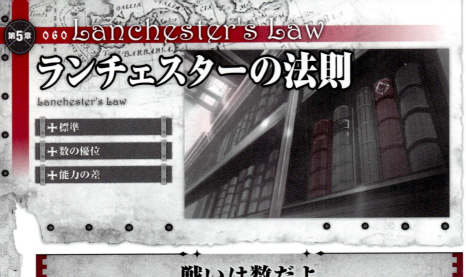

戦いは数だよ

　戦いは数で決まるといわれますが、数の効果を定量的に表したのが「ランチェスターの法則」です。2つの異なる戦闘状況における、数の影響を教えてくれます。

　第1法則は、2つの状況に当てはまります。

　1つめは、一対一での戦いが続く状況です❶。人数に差がある勝ち抜き戦をしている場合や、各人が散開して個別に戦っている場合です。

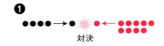

　2つめは、一定面積の土地に敵部隊が存在しているが、どこにいるかはわからないまま撃ち合っている状況です❷。例えば、うまく隠蔽された砲兵

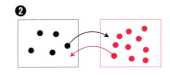

陣地がこれに相当します。この場合、敵部隊がいる土地全体に均等に攻撃を行って、敵に当たるのを期待します。敵も、同様の状態です。このとき、もし敵の人数が2倍だと、2倍の弾が飛んできます。しかし、味方は同じ面積に半分の人数しかいないので、命中率は半分しかありません。つまり、敵味方同じ人数が倒れていくことになるのです。

　両軍の兵士数の変化は、次の公式で表現できます。

$$A_0 - A = E(B_0 - B)$$

A_0：A軍の初期兵員数　　E：A軍とB軍の兵員の質（武器なども含む）の比率
A：A軍の現在の兵員数　　B_0：B軍の初期兵員数
　　　　　　　　　　　　　B：B軍の現在の兵員数

　兵員の質に差がなければ、A軍とB軍の兵士が一対一で減少することを表しています。B軍の兵士がA軍の2倍強い場合は、兵員の質の比率Eを2と設定します。この場合、

両軍の兵士は2対1で減少します。第1法則では、兵員数が多いほうが有利なのは当然ですが、質によってある程度の差をひっくり返すことが可能です。

第2法則は、一般的な多人数戦闘に当てはまります。敵部隊が見えている、もしくはどこにいるかわかっているとき、そこに攻撃を行って、敵が倒れることを期待します❸。こうすると、人数の多いほうが、一度に多数の敵を倒すことができて有利です。このため、次の公式が成立します。

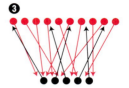

$$(A_0^2 - A^2) = E(B_0^2 - B^2)$$

変数の意味は、第1法則と同じです。

この公式は、基本的には人数の2乗の割合で、敵にダメージを与えられることを表しています。つまり、A軍がB軍の2倍の人数がいるとき、B軍はA軍の4倍（2の2乗）の強さがなければ対抗できません。3倍の人数なら、9倍の強さが必要です。

第2法則では、兵員数の差が戦闘結果に大きく影響します。質によって数の差をひっくり返すことは、非常に困難といってよいでしょう。

法則の適用

数の有利が大きく働くのは第2法則です。古来より「大軍に兵法なし」とされるのは、正面から泥臭い叩き合いをするほうが、大軍にとって有利だからです。

大軍が行うべきは、少数の側の作戦に乗らずに、真っ向からの戦いに持ち込むことです。敵の策に引っかかって、慌てて間違った対処をするのが一番いけません。

逆に、少数の側は、まともに第2法則を適用しては勝ち目がありません。このため、第1法則が適用できる戦いや、その他の要因が発生する戦いに持って行きます。

- **ゲリラ戦**：少人数同士の遭遇戦がいくつも連続するので、全体としてみると第1法則の適用範囲となる。そして、ゲリラ側は、ほとんどが慣れ親しんだ地元での戦いとなるので、有利な（Eの大きい）戦いができる。「ゲリラ戦」**104**を参照。
- **一騎討ち**：挑発などによって、将と将との一騎討ちに持ち込めれば、人数は関係ない。その後に会戦になるとしても、一騎討ちで勝っておけば、敵の士気を落とせる。
- **各個撃破**：大軍での移動は困難なので、通常は分散して進軍する。そこを狙って、少数の敵をこちらの最大数で撃破する。こうすると、第2法則がこちらの有利に働く。

第5章 061 戦力の集中
Concentrate Combat Power

- 集中する
- 分散する
- 捨てる

戦力は集中して使う

　物語における主人公の敵は、大抵の場合、強大で多数ですが、そのような敵を倒す最も基本的な策が**戦力の集中**です（戦術・作戦・戦略のどのレベルでも使えます）。

　「ランチェスターの法則」060 でもわかるように、数は力です。敵より兵員数が多ければ、勝利の確率は高くなります。敵の2倍もいれば、まず負けません。

　ここで重要なのは、ランチェスターの法則は、あくまでも戦場の法則であり、戦争全体の法則ではないという点です。つまり、戦争全体を見渡せば、敵より寡兵でも、特定の戦場で敵より多い兵員を集めれば、その戦場では勝利できます。

　逆に、優勢な軍が敗北する原因が、戦力の分散によるものです。兵員を分散しすぎて、個々の兵員数で敵に負けてしまうのです。そこで、寡兵の側の次のような策を用います。

1. 何らかの方法で敵を分散させる。
2. それぞれの部隊を足止めする。
3. 味方を集中する。
4a. 敵の最も重要な部隊を撃つ。
4b. 時間差で、敵部隊を各個撃破する。

一見矛盾に見えても

　古今東西の戦役では、少数が多数を破った例がいくつもあります。織田信長が今川義元の首を上げた「桶狭間の戦い」、ハンニバルの完勝として名高い「カンナエの戦い」（「包囲殲滅戦」080）など、多くの名勝負が知られています。しかし、そのような名勝負は、少数が多数を破るという特別な戦果を挙げたからこそ有名になったのであり、

その影には、その100倍もの平凡な（多数が勝利する）戦いがありました。

しかも、少数が多数を破った戦いは、決して「戦力の集中」の原則を破っていません。逆に、少数だからこそ、その少数の戦力を集中させて戦っています。

例えば、永禄3年（1560年）の「桶狭間の戦い」では、今川軍は30,000〜40,000人、織田軍は3,000〜5,000人とされ、10倍もの差がありました❶。しかし、今川軍は、織田領の城が次々と落とせることに楽観したのか、軍のほとんどを尾張の城攻めに送り出します❷。義元を守る本隊はせいぜい5,000人ほどで、それも雨の中で休息中でした。そこに、信長自身に引き入れられた2,000人の部隊が突入しました❸。これでもまだ戦力的には今川が上ですが、それでも10倍差が2倍差に近づいています。さらに、休息中の今川軍本隊に対し、織田軍は戦の準備を十分していたことを考えると、ほぼ同戦力になったと見てよいでしょう。

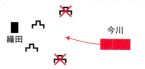

❶ 圧倒的多数の今川軍が織田領に侵入。

❷ 次々と、織田領の城を簡単に落としていく。戦果を求めて、今川軍は分散して、織田領の城を取りに行く。

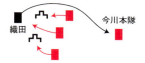

❸ 少数になった今川本隊に、織田軍のほとんどの戦力をぶつける。

しかも、信長は、配下に対して、義元の首のみを狙うように宣言していました。つまり、周囲にいる5,000人と戦うのではなく、真ん中の義元およびそれを守る者だけを攻撃するよう命じていたのです。これも、戦力の集中といえるでしょう。

危険な賭けですが、信長にとっては、これが最も勝利の可能性の高い作戦だったのです。この戦いに自ら率いる精鋭を集中させることで、今川義元の首を取りました。

信長は、今川の攻撃があるにもかかわらず、味方の城に援軍を送りませんでした。これは、当時の大名では考えられない選択です。城はその城下の支配権の象徴で、城を失うことは領地を失うことだったからです。通常の大名であれば、城が攻められそうなら可能な限りの援軍を送ります。しかし、信長には別の計算がありました。

- 援軍を送っても、今川の大軍に対しては守りきれないので、援軍は無駄。
- 貴重な兵士は、他（義元を狙う）に使うところがある。
- 義元が死ねば、今川は撤退するので、城は取り返せる。義元を殺せなければ、織田はお終いだから考える必要がない。

信長は、戦力の経済性から、（重要でない）城を捨て、（本命の）義元本隊に戦力を集中しました。この割り切りが、信長に勝利をもたらした一因だったのです。

第5章 062 Battlefield Concentration
分進合撃
Battlefield Concentration

- ✚ 集中の原則
- ✚ 輸送能力
- ✚ 移動能力

輸送力の限界

「戦力の集中」061 が勝利の基本だとすると、成功したときには華麗な勝利を、失敗したときには無様な敗北を演出できる作戦が**分進合撃**です。

「戦力の集中」に従うなら、部隊は可能な限り集まって大軍になったほうが有利です。しかし、これには大きな問題があります。それが道路の輸送力の限界です。

道路を歩兵が進軍します。中世の道路ですから、何列もの兵士が行進することはできません。せいぜい4列縦隊くらいです(狭い道なら2列縦隊)。人間の歩く速度は、秒速1.1m(時速4kmで計算)ですから、兵士の前後の間隔が2.2m(武器を持つので、このくらいは必要)だとしても、1秒間に2人(4列縦隊だとして)しか道を通れません。この計算では、駐屯地から100人の部隊が出発するのに、50秒かかるのです。1,000人なら8分20秒、10,000人なら1時間23分です。

しかも、部隊が混ざらないように部隊間には最低でも数10m以上の間隔が必要で、他にも理屈通りに行かないことが多いので、実際には数割増しの時間がかかります。

このような点をふまえると、10,000人の兵士が道路を進軍するためには、駐屯地から出発するだけで、2時間ほどかかることになります。1日8時間休まず進軍するとしても、そのうち2時間は出発地点か到着地点での待ち時間になります。行軍している時間は6時間しかありません。少人数での旅程と比べると、4分の3以下の速度しか出せないということです。

ちなみに、10,000人の4列縦隊は、長さが8kmくらいになります。つまり、先頭から末尾まで伝令を送るだけでも、かなりの時間がかかります。

同様に、中世の兵站も、道路による制限を受けます。荷馬車による兵站輸送は、非現実的です。荷馬車の速度は徒歩とそう変わりませんし、輸送力も馬1頭当たり400〜

500kgがいいところです。これでは、軍を食わせるための兵站輸送までは不可能です。実際、中近世の兵站輸送は、武装の予備や、（もしあれば）銃や大砲の弾薬のような、現地で手に入らないものの輸送に限られていました。

　食糧などは、その道路沿いの村落からの徴発によって賄われていたのです。つまり、道路周辺の村が保有している食糧が、軍隊の兵站の最大容量となります。このため、道路1本当たり進軍できる兵員数に制限がありました。師団（8,000人ほどの小規模師団）は、道路1本で移動できる人数を独立して運用できるようにした軍の単位です。

　実際、別の軍隊が進軍した後に、同じ道をやってきた軍が村から徴発できずに飢えたという話はいくつも存在しています。

分進合撃

　そこで考えられた対策が分進合撃です。別々の道を進軍して、目的地で合流して敵と戦おうという、都合のよい作戦です。うまくいけば、各部隊が補給に苦しむことなく進軍できて、敵に対しては大軍で戦うことができます。しかも、分散した軍の速度は、まとまって移動した軍の速度よりも速いのです。

　しかし、分散した軍は、敵にとっては各個撃破のチャンスでもあります。フランス皇帝ナポレオンが、対仏大同盟に対して行った戦略が「内線作戦」 **101** による各個撃破です。

1. フランスを倒そうと、各国がフランスに向けて軍を送り出す。

2. フランスは、合流前の敵軍で、最も手近な敵を撃破する（図ではオーストリア軍をウルムで撃破）。

3. 敵軍の目的地はフランスなので、フランス軍はわずかな移動を行うだけで、次の敵軍と戦える（図ではロシア軍をアウステルリッツで撃破）。

　これができたのは、ナポレオンの将軍たちが優秀で、目的地に予定の日時に軍団を到着できたからです。実は、ナポレオン側も、軍の移動速度を上げるために、自軍を師団に分割して、分進合撃をしていました。対仏大同盟の大規模すぎる分進合撃に対して、各将軍の率いる師団単位の小規模な分進合撃で移動速度を上げたのです。さらに、内線作戦であるため、そもそも自軍の移動距離は短くてすみます。この2つを利用して、敵の先を取り、時間差をつけて各個撃破したのです。

第5章 063 Combat Range
戦闘距離
Combat Range

- ✚ 狙撃
- ✚ 有効射程
- ✚ 最大射程

最大射程と有効射程

　2つの部隊が戦うとき、その部隊間の距離を**戦闘距離**といいます。自軍が有利になる戦闘距離は、使用武器の射程や、敵軍の防御設備などによって変わります。

　ほとんどの戦いは、矢戦（もしくは他の遠距離武器による攻撃）から始まります。各種遠距離武器には射程があるので、互いの距離によっては、ある武器では届き、別の武器では届かないということが起こります。射程を読み誤ると、非常に間抜けなことになってしまうのです。

　遠距離武器には、**最大射程**と**有効射程**、加えて**狙撃距離**があります。

- ● **最大射程**：弾や矢が届く範囲。斜め上に発射して、放物線を描いて到達する距離。狙いをつけることは不可能だが（あの辺に向かって発射くらいなら可能）、それでも命中すれば敵を傷つけることはできる。
- ● **有効射程**：弾や矢が直射で届く範囲。敵部隊を狙って（個人を狙うところまでは要求されない）発射できる。
- ● **狙撃距離**：弾や矢で特定個人を狙って発射できる範囲。

　代表的な遠距離武器と、その特徴を挙げておきます。

- ● **弓**：弓の矢は、細長く空気抵抗の少ない形をしている。また、後ろにヴェイン（矢羽）があって、直進安定性を増している。このため、遠くまで飛ばすことができる。
- ● **弩**（いしゆみ）：弓に比べて、重くて太い矢を強力な反作用で飛ばしているので、発射速度も大きく威力がある。しかし、その分だけ空気抵抗も大きく、直進安定性でも劣るため、最大射程の点では弓に劣る。

- **銃**：銃弾は現代と異なり球形で、空気の揺らぎに影響されやすい。最大射程では弓より優れるが、空気抵抗で弾道が揺らぎやすく最悪100mで1m以上も誤差が出る。
- **投げ槍**：大きく重いため威力はあるが、射程は短い遠距離武器。投げ槍は放物線を描いて投げる物なので、有効射程がない。また、2〜3本程度しか携行できない。
- **投石器**：特定の何かを狙うことは困難な遠距離武器。よって狙撃距離はない。また、石なので鎧を抜くほどの威力もない。

	弓	弩	銃	投げ槍	投石器
板金鎧を抜く	30m	50m	100m	20m	—
狙撃距離	100m	30m	50m	20m	—
有効射程	100m	100m	200m	—	10m
最大射程	400m	200m	500m	50m	100m
初速	50〜70m/s	200m/s	500m/s	20m/s	30〜50m/s
発射速度	10秒/射	30〜60秒/射	20〜60秒/発	20秒/投	30秒/個
訓練	要訓練	容易	容易	比較的容易	比較的容易

　この表は、あくまでも目安です。例えば、強い弓なら射程が伸びますし、短弓ではもっと射程が短いものもあります。

　銃の有効射程の長さが光りますが、これは部隊全体を的として考えている場合です。一個人が的であるならば、狙撃距離でわかるとおり、弓のほうが有用です。

　もっと大きな軍隊を敵とする場合は、最大射程での発射でも有効です。敵軍の誰かのどこかに当たればよいからです。**面制圧射撃**ならば最大射程でも役に立ちます。

適切な戦闘距離

　この表を見ながら自軍と敵軍の武装を比較して、最適な戦闘距離を考えます。例えば、弓部隊が弩部隊と戦うのなら、弓部隊は200m以上離れて弓なりの矢を射ていれば、弩部隊に一方的に攻撃できます。

　逆に、こちらの射程が負けている組み合わせならば、こちらの攻撃が届く距離までいかにしてダメージを少なくして近づくかが問題となります。「鎧を着る」「速度を上げて一気に突っ切る」「囮を見せてそちらに注意を集中させる」「煙幕などで視線を遮る」といった方法があります。魔法攻撃を設定する場合も、一種の遠距離武器と考えて、「狙撃距離」「有効射程」「最大射程」を比較検討するとよいでしょう。

第5章 064 Wire Obstacle

鉄条網
Wire Obstacle

- ✚ 移動阻止
- ✚ 敵位置固定
- ✚ 有刺鉄線

意外と新しい発明

中世の技術でも作ることができる障害物として、最も有効なものが**鉄条網**です。

鉄条網は、鉄線で作った障害物です。**有刺鉄線**

❶によって、越えようとする者を傷つけるものが主流です。

牧場などで家畜を逃がさないため、19世紀前半ごろから普通の針金を使った柵が使われ始めました。しかし、家畜泥棒避けなどの理由もあって、有刺鉄線を使った鉄条網が作られます。これが大変便利だったので、鉄条網といえば有刺鉄線を使ったものになりました。

現在使われている有刺鉄線は、1874年に発明されました。19世紀の発明ですが、有刺鉄線とは、針金に両端を斜めにカットした別の針金を巻きつけただけのものです。針金が作られたのは、紀元前30世紀のエジプトですし、英国でも15世紀には使われていました。ですから、中世の技術レベルでも作ろうと思えば作れてしまいます。

元々は家畜を閉じ込めるための鉄条網が、人間を止めるための道具になり、戦争に活用されるのに時間はかかりませんでした。1899年の第二次ボーア戦争（イギリスと南アメリカのオランダ系住民との戦争）では、すでに鉄条網による阻止線が敷かれ、機関銃を配置しておいて、鉄条網に引っかかった敵兵を機関銃で掃討するという、いわゆる**機関銃陣地**として活用されていました。

鉄条網の優れた点は、単なる針金であるところです。このため、すぐ近くで爆発があっても、爆風程度では風が通り抜けるだけで壊れません。同様に、攻撃魔法の類でも、火や電気、冷気などでは壊れないと考えられます。

軍事的障害としての鉄条網は、通常見かける鉄条網よりも、もっと通りにくく邪魔になるように作られています。例えば、次のようなものがあります。

- **ナイフ・レスト**：木材と有刺鉄線で作られ、現代の馬防柵(拒馬)として使われる❷。
- **コンサーティーナ・ワイヤ**：有刺鉄線を直径90cmのコイル状に巻いたもの❸。横から見ると、3つの輪が三角形に積み上がっていることがわかる。輪の1つの針金を切断しても互いに引っかかって外れてくれず、また移動させるのも困難なので、第一次世界大戦のころには、これによって足止めされる歩兵が多数発生した、非常にやっかいな鉄条網。ただ、有刺鉄線を大量に消費する。
- **ダブル・エプロン・フェンス**：鉄条網の中でも最良といわれる張り方❹。12本の有刺鉄線で、飛び越えることもできず、切断するにも何本も切らねばならず時間がかかる。中心からそれぞれ1.5mずつ広がって、一番低い有刺鉄線(AとC)は地面から10cm、高いもの(B)が70cmくらいに張る。

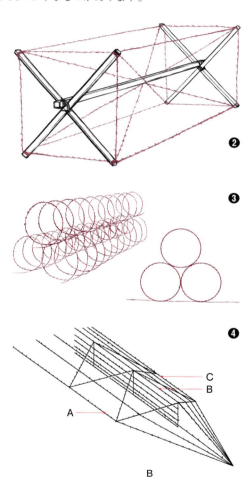

第5章 065 Trench

塹壕

Trench

- ✚ 溝
- ✚ 低い位置
- ✚ 大地の防御

中世からあった塹壕

　塹壕も、ファンタジーにはあまり出てきませんが、アイデアさえあれば実現可能な防御施設です。特に、銃や弩のような直射で攻撃する遠距離武器に対し、強力な防御力（地面そのものが防御してくれる）を誇ります。ファンタジーによくある、敵に対して一直線に飛んでいくような攻撃魔法に対抗する施設としても使えるのです。

　塹壕とは、人間が入れるほどの溝を戦線に対して平行に掘って、そこに入ることによって、敵の射撃や弓射から身を隠すためのものです。塹壕そのものは7世紀アラビアの発明（ハンダクの戦いで用いられたため、アラビア語では塹壕のことを**ハンダク**という）で、当時は騎兵突撃を防ぐための溝として利用していました。

　塹壕があれば、騎兵は危なくて突撃できません。ゆっくり近づくと、それだけ迎撃の矢を受けてしまいます。さらに、近づいても敵兵は塹壕の中にいるので、騎兵の剣は届きません。逆に、塹壕の中の歩兵の槍は、無防備な騎馬に届きます。

　文明の遅れた中世ヨーロッパでは、塹壕を使うほどの戦いが長らく発生していませんでしたが、銃や大砲といった火砲の発達により、塹壕の必要性が増してきました。特に、攻城戦において、城に対して無防備に身をさらさなければならない攻め手の側にとって、塹壕は必須のものとなりました。

　ちなみに、塹壕は、英語で**トレンチ**（trench）といいます。トレンチコートは、第一次世界大戦のころ、底冷えする塹壕の中で使われた軍用コートが元になっています。

　17世紀の攻城戦では、塹壕は次の手順で掘り進めます。

1. 敵の遠距離攻撃が届かないところで、城壁に平行な塹壕を掘る❶。

2. 斜めの塹壕を掘りつつ、城壁に近づいていく❷。ここで、城壁に垂直な塹壕や、❸のように垂直でなくとも角度が急な塹壕を掘ってしまうと、城壁から塹壕の中が見えるようになって兵が直射されてしまう。

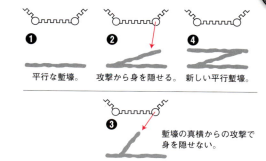

3. ある程度斜めに進んだところで、再び平行の塹壕を掘る❹。ここを新たな出発点として、また斜めの塹壕を掘って城壁に近づいていく。

塹壕に対処する

　塹壕に対処する方法として、曲射武器（放物線弾道を描いて飛んでくる遠距離武器）が使われます。真上からの攻撃なら塹壕内の敵兵を倒すことができるからです。ただし、矢などに対しては、屋根をつけるという単純な方法で防ぐことができます。

　手榴弾に対しては、塹壕内に傾斜をつけて、一番低いところに穴を作っておく対策が有効です。塹壕内に飛び込んできた手榴弾は坂を転がって穴の中に落ち、そこで爆発します❺。柄つき手榴弾のよう

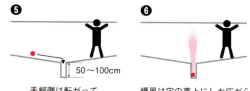

な転がらない手榴弾は、兵士が手で穴に放り込みます。下手に逃げ出すより、手榴弾を穴に放り込むほうが生存確率は高いとされます。爆風や破片は、穴の真上にしか広がりませんから、そこさえ避けていれば、塹壕の中の人は安全なのです❻。

　それでも爆弾処理が間に合わなかったときのために、塹壕をジグザグに掘ることもよくあります。爆発するところから離れて角を曲がれば、爆風なり炎などから逃れられるので、一度に全員が倒されるのを防げます。

　ファンタジー世界の場合、ファイアーボールのような魔法を塹壕のすぐ上で爆発させることで、中の兵員を巻き込めます。さらに、ファイアーウォール（炎の壁）の魔法があれば、塹壕の中に炎の壁を作って、塹壕中を焼くこともできます。

第5章 066 High Ground

高所
High Ground

- 位置エネルギー
- 急坂
- 視界

高さには利がある

　高所に布陣できると戦闘を有利に進められることは、『孫子』にも記述されているほど古い軍事的常識です。その上、ビジュアル的にも美しく、敵を見下ろすことができて心理的にも優位に立てます。高所には、次のような利点があります。

- **視界良好**：地球上で地表（高さ1.5m）に視点がある場合、4.4kmまで見ることができるが、それより先は地平線に隠れる。また、この視点では近づいてくる敵兵を真横から見ることになるので、集団の先頭しか見ることができない。

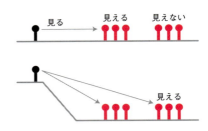

　高さ100m程度の小高い場所に視点がある場合は、理論上は35.7km先まで見ることができる（実際には視力の限界があるので、そこまで見えない）。しかも、上からの視点なので遮るものがない。人間の集団がいても、その後ろを見ることができる。

- **矢戦の強化**：高いところから射た矢は、位置エネルギー分の運動エネルギーを得て、敵に刺さる。つまり、弱兵の射る矢が豪傑並みの強い矢になる。

　矢の速度は、最大で90m/sほどだが、10mほど高い位置から射るだけでも、その分の位置エネルギーで、104m/sと1割以上速くなる。運動エネルギーレベルで考えると、ほぼ2割強化される（現実には空気抵抗などで、もう少し差は小さくなる）。

逆に、低い土地にいる敵は高いところに矢を送り込まなければならず、その分だけ矢の勢いが弱くなる。90m/sの矢が76m/sと速度が落ちてしまうので、それだけダメージも小さくなる。

● **突撃力の強化**：坂道を駆け下りることで、本来以上の速度で突撃ができる。ただし、勢いがつきすぎて足が追いつかずに転んでしまうと、元も子もないので、速くなりすぎないように注意が必要。

逆に、低い土地にいる敵が騎兵突撃をかけてきたとしても、坂を駆け上がる間に勢いは削がれ、味方の前にたどり着いたときには本来の速度を持たない。もたもた走ってくる騎兵は矢のよい的となり、槍衾で止めるのも楽。特に、馬にまで鎧を着せた重装騎兵は重すぎて、急坂を登り終えたころには歩く程度の速度にしかならない。

● **斬り下げの強化**：剣は重量があるので、斬り上げるより斬り下げるほうが勢いがある。自分が少し高い位置に立つと、この斬り下げの力がより大きくなるため、戦いに有利になる。槍を突く場合も、突き上げるより突き下げるほうが重力の分だけ威力が増す。足軽同士の戦いでは槍は振り下ろすものだが、当然高い位置から振り下ろすほうが強いので、同じ練度の足軽隊が戦えば高い位置のほうが勝つ。

高い位置からの攻撃の問題点は、敵の足元が狙いにくいことと、逆に足元は狙われやすいこと。

● **心理的圧迫**：誰しも、上から見下ろされると、心理的に圧迫を感じる。このため、低い位置にいる側は士気が落ちやすい。つまり、逃げ出しやすくなるので、これだけでも中世の戦いは勝敗が決まってしまいかねない。

このように高い位置に自陣を敷くことには多くの利点があります。自軍の攻撃力が強化されるだけでなく、敵の攻撃力が下がることによって間接的に自軍の防御力も強化されます。このため、戦場の小高い位置を確保するために両者が部隊を送って争奪戦をするということもよくあります。また、先に戦場に到着すれば小高い場所を一方的に取れるので、戦場がどこになるかを予測できることも戦いを有利にするポイントです。

もちろん、これを逆用することもあります。敵に高所を取るための無理をさせることで勝利するといった敵の望みを逆用する戦術や、丘を駆け下りてきた先が泥地になっているといった敵に有利だと誤認させる戦術もあります。しかし、これも高所の優位が敵味方の共通認識だからこそ成立する術策なのです。

第5章 067 Surprise Attack

奇襲
Surprise Attack

- ✚ 戦術
- ✚ 戦略
- ✚ 技術

予期せぬ攻撃

　奇襲とは、敵が予測していない時・場所・方法による攻撃をいいます。そのような攻撃を受けた敵は、混乱し、正しい対応ができず、大きな損害を受けます。

　奇襲には、規模などによって4つのパターンがあり実行方法と効果が異なります。

✠ 戦術的奇襲

　戦術的奇襲とは、小部隊(数人パーティ〜数百人)によって行う奇襲です。少人数なので、忍び足や、透明魔法などといった、小細工の類でも奇襲ができます。

　戦術的奇襲による敵の混乱は、数秒から数分にすぎませんが、数十人程度なら、数十秒の混乱で勝利できます。数人パーティなら、数秒で十分です。

✠ 作戦的奇襲

　作戦的奇襲とは、大規模部隊(数千〜数万人)が敵の大部隊に対して予期せぬ時間や方向から攻撃する奇襲です。小細工ではなく「地形などを利用して伏兵を準備する」「敵を誘導して奇襲部隊の前に背中を向けさせる」など適切な戦場が必要です。

　作戦的奇襲による敵の混乱は、数分から数十分、最大で数日続きます。奇襲の対応には、次のような手順が必要です。

1. 奇襲攻撃を受けた部隊(全体の一部のはず)が、何が起こっているのか理解する。
2. その部隊の指揮官が臨時の対応をしつつ、上級指揮官に報告する。
3. 上級指揮官が何が起こっているのか理解する。下級指揮官の報告が要領を得なかったり、上級指揮官の能力が低い場合は、何度も報告のやりとりが必要になる。

4. 理解した上位指揮官が、奇襲攻撃を受けた部隊やそれを支援する部隊に命令を出す。これも、指揮官の能力によっては、状況を悪化させる命令の場合もある。
5. 命令を受けた部隊が、実際に行動する。

　報告の時間は通信手段で変わり、伝令なら何時間もかかることも普通でした。

✠ 戦略的奇襲

　戦略的奇襲とは、相手国が戦争はないと信じているときに、戦争を始めることです。開戦には、武装の増産、兵士の徴集、兵站の確保など、数ヶ月～数年の準備期間が必要です。このため、1ヶ月前に開戦準備がばれても戦略的奇襲は成立します。

　戦略的奇襲は、相手国の戦争準備が整うまで続きます。戦争をしながら準備を整えようとすると、目の前の戦争への対応が優先されてしまい（前線部隊から要求される補給物資の生産が優先される）、効率的な準備ができません。このため、混乱は平時より遙かに長く続きます。最悪、混乱したまま敗戦ということもあり得るのです。

　第二次世界大戦では、ドイツがソ連に対して戦略的奇襲を行いました。ソ連は察知していたのですが、スターリンが下から上がってきたドイツの戦争準備の報告を握りつぶしていたために成功しました。通常は国家の戦争準備を隠すことはできません。

✠ 技術的奇襲

　技術的奇襲とは、未知の新技術による戦闘です。敵は対応方法がわからずに混乱します。これには、「新兵器によるもの」と「新たな戦略・戦術思想によるもの」があります。ただし、敵も対応を学びますから、技術的奇襲は長くても1年以上は続きません。

　技術的奇襲の例は、次のようなものがあります。

- **戦車**：新兵器。第一次世界大戦中に、イギリスは戦車によって鉄条網と塹壕を、装甲と火力で力ずくで乗り越えた。ドイツは、新兵器への対応方法がわからず、いくつもの箇所で突破された。
- **浸透戦術**：戦術思想。第一次世界大戦当時、ドイツ軍は、大人数で塹壕線を突破しようとすると、敵に反撃されて大ダメージを受けるので、突破がばれないような少人数で少しずつ敵の後方へと移動し、敵の後方で戦闘を起こす新戦術を取った。
- **空母決戦思想**：戦略思想。第二次世界大戦のはじめ、空母は艦隊の防空に使われていた。日本海軍は、空母を集中配備して、攻撃機・爆撃機によって敵艦隊を沈めてしまおうという新たな海軍ドクトリン（戦闘教義）を作った。

第5章 068 Ambush
伏兵
Ambush

- ✚ 隠蔽
- ✚ 予測
- ✚ 釣り野伏

常に最良の戦術

　伏兵とは、あらかじめ兵を隠しておいて、敵軍が近づいてきたときに、タイミング（こちらに背中を向けたときなど）を見計らって奇襲をかけるという戦術です。

　敵を伏兵の前に連れてくる方法論で、次の3種類に分類できます。

- ● **進路予測**：敵が進軍してくる経路を予測し、道の途中に兵を隠しておく。
- ● **戦場支配**：会戦が行われる戦場に先に来て、敵が隊列を敷く後ろに兵を隠しておく。
- ● **敵兵誘導**：「敵と戦って逃亡」「囮を見せて撤退」などで、敵を伏兵の前に誘導する。

　伏兵は奇襲の一種ですが、通常の奇襲よりも大きな利点があります。

- ● **成功率が高い**：部隊はじっと隠れているだけなので、敵に見つかりにくく、奇襲の成功率が高い。
- ● **有利な隊形や位置**：「進路予測」なら、敵は移動中に戦闘を始めることになる。移動隊形は戦闘隊形よりも脆いので、伏兵側が有利になる。「戦場支配」なら、敵の側背から攻撃できる。「敵兵誘導」なら、敵は追撃隊形になっているので、隊形が長く延びていることが多く左右から攻撃されると弱い。

　このように成功すれば得るものの多い伏兵ですが問題点もあります。

- ● **進路の予測が困難**：敵の進路を読みあやまれば、伏兵がすべて無駄になる。それどころか、敵に後方に回り込まれて、こちらが孤立する危険がある。
- ● **誘導部隊が危険**：敵兵誘導の場合、味方の誘導部隊には壊滅の危険がある。誘導部隊が、伏兵のいる地点より前で敵に捕捉されて全滅してしまうこともある。

2つの伏兵

「進路予測」による伏兵で、名高いのが、紀元前3世紀の、ハンニバルによる**トラシメヌス湖畔の戦いです❶**。

ローマ軍が、自軍を追っていることに気づいたハンニバルは、トラシメヌス湖の北にある街道をわざと進みます。街道は、山と湖に囲まれた隘路で、山側は兵を隠すのに最適な土地でした。

街道の先を塞ぐように重装歩兵を置き、山地に軽装歩兵・ガリア兵・騎兵を隠しておきます。この日は霧が深く、伏兵が見つかる心配はわずかしかありませんでした。そして、ローマ軍が街道を進軍してきて、重装歩兵に阻まれたとき、騎兵が急進して背後を塞ぎます。さらに、軽装歩兵とガリア兵が、横合いから攻めかかります。

これでハンニバルの勝利は確定です。後は、進軍隊形で戦いの準備ができていなかったローマ軍を湖に向けて圧迫し、身動きの取れない敵を殲滅するだけです。

「敵軍誘導」による伏兵で知られているのが、戦国大名島津家の**釣り野伏せ**です。少数で多数を包囲して殲滅しようという欲張りな戦法で、成功させるには、囮部隊の練度・土地勘など、厳しい条件をクリアする必要があります。

その中で有名な耳川の戦いを取り上げて見ましょう。❷❸❹のように進行して、大友軍は総崩れになり、川の水深の深いところに駆け込んで溺れ死にます。その敗北に怯んだ川向こうの大友陣も逃げ出したのです。

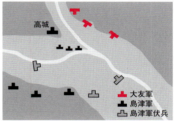

❷ 両軍初期配置。

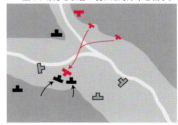

❸ 大友軍は高城周辺の敵を蹴散らして川を渡り、味方を収容に現れた島津軍と戦う。

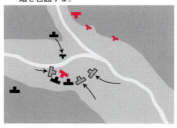

❹ しかし、それは島津の予定通りで、伏兵が左右から、高城から後方へ、部隊が現れて敵を包囲する。

第5章 069 Reserve Force

予備
Reserve Force

- ✠ 戦略予備
- ✠ 戦術予備
- ✠ 緊急対応

こんなこともあろうかと

　戦いのときに、予想外の事態は往々にして起こります。そんなときに有効なのが、**予備**です。全部隊を前線で戦闘させていると、いざというときの対応ができません。いったん戦闘に入ってしまった兵力を、戦闘から引き離すのは非常に労力を必要とするからです。戦闘からの離脱は、敵に隙を見せて、大きな被害を受けやすいのです。

　予備の任務は、大きく分けて、攻勢予備と守勢予備、それと敵の予備への対応の3つに分けられます。

✠ 攻勢予備

　攻撃予備は、勝利を引き寄せるために攻勢を取るときに使います。攻勢予備の使い方も大きく3つに分けられます。

- **数的優勢**：戦っている部隊の一部に予備を投入することで、数的優勢を作り出し、局所的勝利を得る。その局所的勝利を、全面的勝利に結びつけるのは別の策となる。
- **迂回攻撃**：予備を迂回させて敵の側背に出し、側背攻撃で敵部隊の一部を崩す。
- **突破部隊**：こちらの攻撃が成功して敵の戦線に穴が開いたとき、そこから敵戦線を突破して敵の背後に展開する。

✠ 守勢予備

　守勢予備は、味方部隊の一部が不利になったときに投入する予備です。

- **数的劣勢**：戦っている部隊の一部が数的劣勢により不利になっているとき、予備

を投入して形勢を立て直す。

● **弱点防御**：敵が回り込んできたり、伏兵を繰り出してきたことによって、部隊の弱点（後方・側方など）を攻撃されそうなとき、予備を配置して弱点を守る。

● **突破阻止**：敵の攻撃が成功して味方の戦線に穴が開いたとき、予備を投入してその穴を塞ぐ。または、戦線の穴から突破してきた敵部隊と戦って、背面展開などをさせない。

✠ 予備対応

敵の予備部隊に対応します。敵が攻勢のときに、攻勢予備を使われると、ますます敵の攻撃が強化されて不利になります。同様に、せっかくこちらが攻勢を取って有利になりそうなときに、敵に守勢予備を使われると有利が失われてしまいます。そこで、敵の予備が投入されそうになると、その予備にこちらの予備をぶつけることで、敵に予備を使わせません。もしくは、使っても効果を発揮させません。

このように、予備には戦争にチャンスを作ることと、味方の危機を救う（敵のチャンスを潰す）という重要な任務があり、軍は、できるだけ多くの予備を欲しがります。

逆にいうと、前線に貼りつける部隊は、できるだけ少なくしたいのです。物事をきちんと考える将は、前線には維持できるギリギリの部隊しか配置せず、残りを予備にします。そして予備を動かすときですら、予備の一部を予備の予備として残します。

予備には、**戦術予備**の他に**戦略予備**もありますが、基本は変わりません。戦術レベルの事態に対応する予備と、戦略レベルの事態に対応する予備というだけで、予備というもの自体の考え方については変わらないのです。

予備についての失敗と成功ならば、第二次世界大戦当時のソビエト連邦が好例です。

ソビエト赤軍は戦略予備を重視する軍で、全軍の40％を戦略予備にしていたことすらあります（ドイツは10％くらい）。しかし、第二次世界大戦開始時、ソビエト赤軍は有能な将校を粛正で数多く失っていたため、前線の指揮官は経験不足であり、戦術予備をほとんど置かず、全部隊を国境に貼りつけていました。

このため、ドイツの奇襲に対して、戦術予備兵力が存在せず、電撃戦による突破と包囲により前線部隊が壊滅しました。

しかし、戦略予備はまるまる残っていたため、ソビエト赤軍は崩壊した前線に戦略予備から部隊を送り続けて戦い続けました。ドイツ軍は、壊滅させたはずなのに次々と新手の部隊が登場するソビエト赤軍相手に、予想が外れて作戦が頓挫するのです。ドイツ軍は「ソ連は兵隊が畑で取れるのか」と愚痴をこぼしたといわれています。

第5章 070 Rearguard
殿とリアガード
Rearguard

- 敗北
- 撤退
- 戦死

最も危険な任務

殿(しんがり)とは、撤退時の最後尾で味方の撤退時間を稼ぐ部隊です。主人公の危機を描くなら、殿を務めさせるべきです。特に、自分のせいでない敗北で殿を務めるのは、主人公の勇気（一部は無謀さ）を表現するよいチャンスです。

軍隊の隊列は、基本的に前方に向かって最大の攻撃力と防御力を発揮できるように作られています。正確には、それ以外の方向への攻撃力や防御力を犠牲にすることで、前方への力を高めています。

そこで、部隊の一部を、後方警戒といざというときの防御に置いておきます。これが**リアガード**です。リアガードは、敵が後背に回り込んだり、伏兵を置いていたりした場合に対応をするための少数部隊です。実際にそのような非常事態になると、強力な敵を少数で抑えなければならないので非常に危険ですが、事態が発生しなければ暇な部隊です。このため、背後の安全が確実である場合は、迂回攻撃や追撃の部隊として使われることもあります。

いずれも、自軍の後方を守る部隊で、危機のときに少数で敵と戦わねばなりません。

殿

敗北が確定した戦いにおいての撤退・逃亡は、非常に危険を伴います。通常、自軍が撤退・逃亡するときは敵に背中を向けることになります。そして、自軍は、時々背中を向いて敵の動向を確認する必要があるので、敵軍よりも速度が遅くなります。逆

第5章 戦術

殿とリアガード

に追撃してくる敵軍は、自軍の背中を見ながら追ってきます。敵軍のほうが速く移動でき、自軍の背中を好きなときに攻撃できるので、いうまでもなく追撃側が有利です。このため、多くの戦いでは、撤退・逃亡時に多数の死傷者が出ます。

そこで、殿部隊を用意します。殿は、撤退・逃亡時に、部隊の一番後ろを守る部隊です。全部隊が逃げ切るまで、敵の追撃を抑え、その進撃を遅らせ続けなければなりません。しかも、勝って意気上がる敵に追いかけられながらです。

殿部隊の代表的な戦術に**繰り引き**と**かかり引き**があります。

繰り引きでは、まず殿部隊を2つに分けます。そして敵軍から少し離れたほうが、足止めのための牽制攻撃をかけて、その隙にもう一方の部隊は後退します❶。次に、もう一方の部隊が攻撃する隙に、さっき攻撃をしていた部隊が後退します❷。これを繰り返して、敵の追撃部隊との距離をできるだけ広げます❸。追撃を振り切れる距離まで離れたら、両部隊とも一気に後退して逃げます❹。

金が崎の退き口(浅井家の裏切りで、朝倉軍と浅井軍にはさまれそうになった織田軍が行った撤退戦)で、殿を務めた羽柴秀吉が行った戦術だと伝えられています。

かかり引きは、もう少し積極的に攻撃する戦術です。上杉謙信が直江兼続に伝えたとされる戦術で、撤退戦の間に、積極的攻撃を敵に加えます。

殿全体を4部隊に分けます。そして、1部隊を伏兵としておき、3部隊で迎撃します❺。そして、3部隊が後退するときに追撃してきた敵を、伏兵となった1部隊で攻撃します❻。奇襲を受けると、通常の敵は後退しますから、その隙をついて全部隊で逃げるという仕掛けです❼。

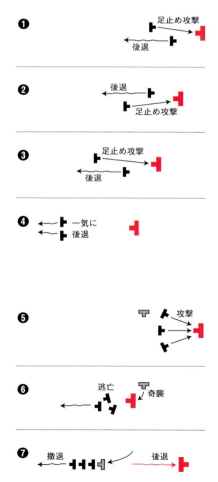

第5章 071 Pursuit
追撃
Pursuit

- 弱者
- 勝ち易きに勝つ
- 死傷者続出

水に落ちた犬は打て

　負けた敵を追って攻撃することを**追撃**といいます。通常は、逃げる敵を追い散らすだけでお終いですが、追撃する側と逃げる側の戦いが意味のある戦いと見なされた場合、それを**追撃戦**といいます。

　「水に落ちた犬は打て」は、中国近代文学の父といわれる魯迅の言葉です。追撃戦を端的に表した言葉だともいえます。しかし、中国には「水に落ちた犬は打つな」ということわざも存在します。このことわざが成立するためには条件があります。

● 潔く負けを認めて、もはや抵抗しない敵であること。
● 後に再戦になった場合でも、開戦を正々堂々と宣言してから戦うこと。

　このような、対等の倫理観を持った敵ならば、助ける意味があるということわざなのです。しかし、魯迅は、犬にはそんな倫理観などない。よって、感謝などせずに噛みついてくるから、逆襲されないように弱らせてしまえという意味で、「水に落ちた犬は打て」という言葉を作りました。

　そして、軍事においては、この言葉が正解です。なぜなら、戦争においては、軍人は、ただひたすら勝つことを欲しているからです。戦国時代の武将朝倉宗滴は、「武者は犬とも言え畜生とも言え勝つことが本にて候事」という言葉を残しています。

　戦争の最高の戦略は、**弱いものを倒して勝利せよ**です。戦略的には、強い国とは戦わず、弱い国を攻撃して利益を得ます。戦術的には、敵の背後から襲うのも、各個撃破も追撃戦も、すべて弱い敵を弱いうちに叩き潰す戦いなのです。

追撃戦の利点

追撃戦では、追撃側が次の点において圧倒的に有利だといえます。

- **位置**：敵は背中を見せて逃げていて、こちらは正面に敵を捕らえている。
- **陣形**：敵は逃げるのに精一杯で、まともな陣形を組めていない。
- **士気**：敵は負けたので、士気が大きく下がっている。
- **命令**：敵の兵士は、指揮官の命令を聞く余裕などない。
- **物資**：身軽に逃げるために、必要な物資まで捨てていることが多い。

もちろん、敗走側も、これらの問題を放置するわけではありません。軍として機能している部隊を「殿(しんがり)」070として残します。殿は、敵に背中を見せず、陣形を保ち、士気を維持しつつ、指揮官の命令に従って、遅滞戦闘を行います。

しかし、殿以外は陣形・指揮がまともに機能していないと考えられます。そこで、追撃側は次の2つの方法を取ります。

- **追尾追撃**：まず後退する殿部隊を殲滅し、本隊を追撃する。成功すれば、敵は完全に絶望し、完璧な追撃戦ができる。ただし、殿が有能だった場合、時間を稼がれて、敵の本隊に逃げられるおそれもある。
- **並行追撃**：敵部隊の後退路と並行する別の道を進み、殿部隊を避けて、殿部隊よりも前にいる敵の本隊を攻撃する。ただし、気づいた殿部隊に奇襲を受ける可能性もある。また、敵の逃走経路を読み間違えると、空振りになる。

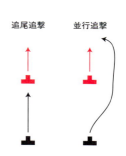

このため、可能ならば殿部隊を抑える部隊を置いてから、残りで並行追撃するのが最も有効な手段とされます。もちろん、並行追撃路がなければ、追尾追跡をする以外に方法はありません。

ただし、追撃で罠にはまる場合もあります。「伏兵」068の**釣り野伏せ**のように、追撃戦だと調子に乗って追いかけていたら、伏兵に攻撃されて酷い目に遭うという戦いもあるわけです。しかし、ほとんどの場合、追撃が損になることはありません。是非やるべきです。

第5章 072 Leader

指揮官
Leader

- ✛ 指揮権
- ✛ 統率
- ✛ 資質

兵を死なせる役目

　多人数同士が戦う場合、戦いには指揮官が必要になります。そして、優れた指揮官のいる側が、多くの場合は勝利します。しかし、軍の指揮官は、普通の人とは評価の軸が違います。民間人なら美点でも、指揮官としては欠点となることもあります。そこで、良い指揮官と悪い指揮官と差は何なのかが重要になります。

　指揮官の資質には時代ごとに差があります。もちろん、戦術・作戦・戦略能力が高いことや、補給をきっちり行えることなどは、どの時代の指揮官でも大切なことです。ここでは、それ以外の、時代ごとの差を見ていきます。

　第一次世界大戦より前の、指揮官先頭が名誉であった時代の英国陸軍の指揮官には、次のような「10のルール」がありました。

1. 私は、君の指揮官・先任・同輩・戦友として、ここにいる。
2. 敵と対峙した場合、私は君の前にいる。敵が背後に回った場合、私は君の背後を注視している。
3. 君たちは互いに、戦友への責任がある。それを、私は決して忘れない。そして、君たちもそのことを忘れてはならない。
4. 私は、君たちに対して、無償で、忠実であり、誠実であり、信頼を与える。私が、君たちを得んがためである。
5. 専門的技術を学ぶのに王道はない。上達の早道もない。
6. 君たちの仕事は戦士となることだ。そして私の仕事は、君たちが全力を発揮できるよう、君たちを力づけることだ。

7. 私が君たちのことを知りたがったとき、それは君たちが知っておくべき優れた人材だからである。

8. 成功は君たちの勲章である。慎みと謙遜をもって、それを纏え。失敗は私の責任である。私が、君たちを見失ったからだ。

9. 君たちは、私のもつ最も価値のあるものである。君たちは一家なのだ。遠く離れても、家族であることに変わりはない。

10. 君たちの仕事は専門家となることだ。私の仕事は、毎日君たちの仕事の成果を得るという名誉あるものだ。

　このように、兵士の家族的一体感を重視し、それを率いる指揮官には勇気を求めています。近世の国民軍の指揮官ならば、これがベストなのかもしれません。自国を守る気概を持った兵士に力を発揮させることが、最も重要だからです。

　ただし、このルールのまま第一次世界大戦に参加したため、指揮官先頭で突撃して機関銃で指揮官が死亡し部隊が大混乱に陥るという事態が続出しました。これによって、指揮官は安全な後方で最後まで指揮を執り続けることが重要だという現代の指揮官像が作られたのです。

　中世の軍隊の場合は、参加してきた領主のやる気を維持すること、兵士の士気を高め維持することが、最も重要な指揮官の仕事です。策略も戦術も、軍にやる気がなければ、絵に描いた餅でしかありません。そのために必要なことは次の通りです。

● **大義**：今回の戦争が正義であって、自分たちが正しいと確信させる。
● **報償**：戦争に勝利すれば、自分の欲する報償が得られると信じさせる。
● **勝算**：今回の戦争で、自軍が勝てると信じさせる。

　現代の先進国の軍のように、補給は充分にあり、兵士の質も比較的高く、士気も低くない場合は、指揮官には**人格力**、**決断力**、**行動力**が求められとされています。部下を心服させ、統率するための人格は、どんな時代にも必要ですが、部下の資質が高くなった現代だからこそ、過去の指揮官より高い能力が求められています。

　また、いつの時代にも指揮官の仕事は決断することです。軍事情報が昔より遙かに豊富に司令部に集まるようになった現代、決断のための材料は豊富にありますし、幕僚の進言もあります。それでも、決断だけは、指揮官の仕事なのです。

　最後に、指揮官は、決断したことを実行しなければなりません。これも、通信の発達で、司令部がより詳しい命令を発することができるため、次々と命令を発しなければならないのです。

073 Moral

士気

- 国民軍
- 傭兵
- 逃亡

士気の低い中世の軍隊

　士気が中世の戦いで最も重要な要素であることは他の項目でも触れていますが、困ったことに、中世の軍隊は基本的に士気が低いのです。こう聞くと、現代人である私たちは、疑問に思うかも知れません。しかし、それは私たちが、士気が元から高い現代の軍隊しか知らないからです。

現代の軍隊
自国を守りたい自国民の軍隊
士気が高い
容易に逃げない
命令に従う

⇔

中世の軍隊
王の命令で動く領主の軍隊
雇われただけの傭兵の軍隊
士気が低い
すぐ逃げる
勝手な行動をする

　現代の先進国の国軍は**国民軍**（自国を守りたいと考える国民の軍隊）で、士気が非常に高いのです。このため、多少不利になっても簡単には逃げだそうとしません。

　しかし、中世の軍隊は、騎士や領主の集合体に傭兵を加えたものです。騎士や領主たちは、自分の領地と名誉と収入が大事で、それさえ保証されれば、所属国が変わっても構いません。無理矢理徴集された農民兵は、やる気などまったくありません。そして、傭兵は、仕事でやっているのですから、死んだり怪我をすることは避けます。

　このような状況なので、戦闘の途中でちょっと不利になったと見たら、兵士どころか部隊ごと逃げ出してしまいます。最初から有利に見える戦いを行い、最後まで有利に終えないといけないのです。

このため、中世の軍隊には、「伏兵」068 の「釣り野伏せ」のように、わざと不利な振りをして偽の逃亡をし、敵を罠にかけるといった作戦は実行できません。

士気の維持と向上

それでは、士気を高く維持するために必要なものは何でしょうか。まず、部隊に対しては、次のような方法があります。

- **訓練**：訓練や教育で同僚との連携が高まると士気が上昇する。逆に、訓練をサボると士気はどんどん下がる。
- **生活環境**：まずい食事は士気を下げ、うまい食事は士気を上げる。その他の生活環境の善し悪しも、兵士の士気を左右する。
- **給金**：傭兵などは、給金の支払いによっても士気が上がる。
- **大義**：正義の戦いだと兵が信じれば士気が上がる。
- **宗教**：従軍司祭の祈りなどによって、神に祝福されたと感じて士気が上がる。
- **娯楽**：性的サービス（娼婦など）や、飲食サービス（酒など）が手に入りやすいと、ある程度士気が高まる。ただし、過剰になるとかえって士気が下がる。

それに加えて、指揮官の行動によって士気は上下します。士気の状態は、指揮官だけで決まるわけではありませんが、指揮官が大きな影響を持つのも事実です。

- **信賞必罰**：例えば部下が会議に遅刻した場合、会議を遅らせて待ってやると、遅刻した部下には遅刻しても問題ないという誤ったシグナルを出し、逆に時間通りに来た部下に無駄に待たせるという損失を与える。つまり、やるべきことをした部下を罰し、間違った部下を賞したことになる。これでは、部下はいうことを聞かなくなる。
- **慎重に命令変更する**：状況の変化によって命令を変えなければならないこともある。しかし、朝令暮改の命令を出していては、部下はどうせすぐ命令が変わるだろうと、真面目に聞かなくなる。一度出した命令は理由なく変更しない。変更する場合は、その理由を明示することで、命令変更の必要性をわからせる。
- **希望を与える**：この指揮官の下で戦っていると、よいことがあるだろうという希望が持てるようにする。希望があれば、苦境にも耐えることができる。また、指揮官の演説がうまいと士気が上がる。ナポレオンやカエサルは、非常に演説がうまかった。

165

糧食 Combat Ration

第5章 074

- 飢餓
- 逃亡
- レーション

飯の切れ目が兵の切れ目

　戦争指導者にとって最も大変なことは、最前線で武器を振るって戦う勇気でも、敵の作戦を読んでそれを逆手に取る知略でもありません。戦争で最も重要で、最も面倒で、しかも最も困難なことは、兵に食事を与えることです。ナポレオンも、「軍隊は胃袋で動く」という言葉を残しています。

　人間は、1日に1～1.5kgほどの食料を食べます(飲み水を除く)。1万人なら、最低でも1日に10トン、馬車で20台ほどです。これを毎日輸送するのは、中世社会が耐えられるインフラ負荷を越えています。中世ヨーロッパで、1万人を超える会戦が何年かに一度程度しか行われなかったのは、やりたくてもやれなかったからです。

　中世では、傭兵に糧食は配給されませんでした。代わりに金銭が配られ、軍隊についてくる酒保商人たちから食料や酒を買っていたのです。領主が徴兵した兵士の食事は領主の責任ですから、領主は自領から運ぶか、商人から買いました。進軍時の軍隊の後ろには、このような商人がついてくるのが普通でした。それどころか、痛んだ武装を修理する鍛冶屋や、娼婦の集団などまで含むと、軍より多いことすらありました。

　これは、さすがに自領の農村を略奪したり領民を強姦したりするわけにはいかないからです。そうする領主もいましたが、領土が荒れて結局は損をすることを、よほどの愚か者でないかぎり知っていました。商人から略奪するのはもっと危険です。商人は二度と近づいてこなくなり、軍隊は飢えて崩壊してしまいます。

　敵国に入ると、もはや遠慮する必要はありません。敵国の農村などは略奪強姦の対象となります。しかし、それがわかっている村は、軍が近づく前に逃げてしまいます。その意味では、商人の食料供給は敵国に入っても必要です。

この時代、食料供給を担う商人を軍隊は守りません。敵の食糧供給を担っている商人を襲うことは容易だったのです。それによって敵軍を飢えさせることもできます。ただし、商人はたくさんいるので、そのうち1人だけを攻撃しても意味がありません。

敵の食料入手を邪魔するには、次のような方法があります。うまくいくと餓えで勝手に敵軍が崩壊してくれます。

- **商人をだます**：敵軍のふりをして敵軍付の商人から略奪する。うまくいけば、敵軍は信用できない軍隊だと誤解して、商人は勝手にいなくなる。
- **商人を襲撃する**：敵軍に付き従う商人を襲撃する。多数の商人を短期間で襲わなければならないので手間はかかる。
- **焦土作戦**：敵軍の進軍路にある味方の農村を破壊する。「焦土作戦」**099**といい、自領も大損害を受ける諸刃の剣だが、現地調達を予定していた敵軍への効果は高い。

軍用糧食の時代へ

糧食の問題を解決しようとしたのも、天才ナポレオンです。彼は、賞金を出して常温長期保存可能な食品を募集しました。そして、1804年に瓶詰めが発明されます。しかし、瓶詰めには割れやすいという欠点がありました。これに対して、1810年には、ナポレオンと敵対していた（当然対抗して保存食品を開発していた）イギリスで缶詰が発明されます。初期の缶詰は鍋に鉄の蓋を半田づけしたようなもので、缶切りが無く開けるのに苦労しましたが、缶切りの発明によって軍用糧食の標準となります。

欠点も次のようにありますが、いずれも対処可能なものです。

- **空き缶が残る**：缶を放置しておくと、こちらの人数がばれてしまう。この対策として、自衛隊には缶は潰して埋めるという規定がある。
- **飽きやすい**：メニューが単調になり食い飽きて士気が下がる。これは食糧事情が改善された現代の問題で、当初はきちんと食べられるだけで喜ばれた。

軍への糧食供給を軍が担うことには、次のような利点と欠点があります。

- **士気の上昇**：略奪の必要性がなくなる。軍規を引き締めて士気を上げられる。
- **補給線の維持**：補給線を軍で守ることができる。民間の商人を軍が守ることはないが、軍隊の一部である補給部隊は軍が守る。
- **正面兵力の減少**：軍の一部を、輸送やその護衛に使うため正面兵力が減る。

━━✦ Columu ✦━━ 予備役とクリュンパーシステム

　軍隊は、平時には費用が少なくてすむように最小限の人員で構成され、有事にはできるかぎり多数の人員になってほしいものです。そこで多くの軍隊では、**予備役**や**クリュンパーシステム**という方法などを採って、いざというときに兵数を増やす工夫をしています。

　予備役とは、平時は一般社会で生活していますが、軍隊経験があり時々訓練を行っていて、有事には軍務に戻る人のことです。**在郷軍人**ともいいます。

　予備役が集まる**在郷軍人会**は、予備役軍人が互いの階級や技能を把握していざというときに備える場であるとともに、地域の名士の集まるクラブとしての役割もあります。日本という特殊例を除けば、世界の多くでは軍人（特に士官）は尊敬すべき名士とされているのです。

　予備役のための武装は、通常は予備役となった兵器（古くなって定数外となった兵器で、本来なら破棄されるが、それももったいないので保管されているもの）が使われます。長期保存できるように**モスボール**（開口部などを防水して保存すること）しておきます。

　日本でも、**予備自衛官**という特別職国家公務員制度が存在しています。これは、2種類の人員からなります。

- 🔴 **退官した自衛官**：自衛隊を退官したが、その後もいざというときに自衛官になることを宣誓した者。この中で、通常よりも訓練・出頭の多い即応予備自衛官も存在する。

- 🔴 **公募予備自衛官**：一般国民の中から、試験を受けて採用された者を予備自衛官補という。この中から、一定の教育訓練を修了した者を予備自衛官に任ずる。

　クリュンパーシステムとは、平時は一般兵を減らし、士官や下士官の比率を増やしておくものです。なぜなら、士官や下士官の教育には時間がかかり、非常時に育成していたのでは間に合わないからです。

　平時は士官・下士官を多くして士官教育などを充実させておき、非常時には士官を上級士官に階級を上げて、下士官を下級士官とし、常備兵を下士官とします。そして、国民を徴兵して兵卒とすることで、一気に兵員数を増やします。このようなシステムをクリュンパーシステムといいます。

　第一次世界大戦で敗北したドイツは、常備軍の人数を非常に制限されていたので、これに対抗するために考え出されたシステムです。ヒトラーが政権について一気に兵員を増やせたのも、クリュンパーシステムによって多くの士官・下士官が確保されていたからです。

第6章

Operations and Formations

作戦と陣形

　作戦とは、一つの会戦をどう行うかの計画です。そして、会戦を行うために戦力をどう配置するかが陣形です。戦いには、様々な形態があります。野戦軍どうしが戦う場合もあれば、城攻めの場合もあります。また戦うにしても、敵のどこを攻めるのか、味方の利点をどのようにして作り出すのか。様々な視点で考えなければなりません。本章では、この作戦について解説します。本章も指揮官や軍師キャラクターが活躍するヒントが多く含まれています。

ゲームシナリオのための
戦闘・戦略事典

第6章 075 Line Formation

横陣
Line Formation

+ 隊列
+ 戦線
+ 重装歩兵

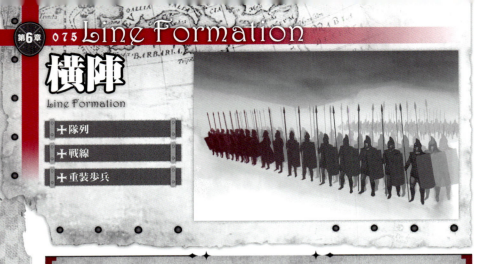

陸軍の基本

　横陣は、横隊ともいい、陸軍の最も基本的な戦闘隊形です。斜線陣や方陣など、ほとんどの陣形は、この横陣を基本として、その欠点を突くためや、その欠点をカバーするために変化したものといってよいでしょう。

　なぜ、横陣が基本なのでしょうか。それには次のような理由があります。

✠ 攻撃力が高い

　横陣では、兵員ができるだけ広く敵に向かい合っています。多くの兵員が敵に攻撃できる隊形なので、隊全体の攻撃力が高くなります。

　❶は、隊列の前から2人までが戦闘に参加できると仮定した図です。縦陣の場合、48人中8人しか戦闘に参加できませんが、横陣では、48人中24人も戦闘に参加できています。ここでは、横陣の攻撃力は縦陣の攻撃力の3倍あると考えることができます。

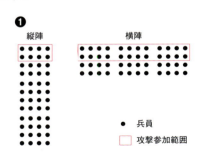

✠ 幅広い戦線を引ける

　味方の兵員で戦場に線を引いて、敵が後方にやってこられないようにすることを**戦線を引く**といいます。横陣ならば、幅広い戦線を引けます。敵がこちらの後方に移動しようとすれば、大迂回をしなければなりません。そんなことをしている間に戦いは終わってしまうので、現実的ではありません。

170

このように単純でなおかつ利点の多い陣形ですから、古代より近代までずっと使われ続けてきました。ちなみに、縦陣は、移動用の陣形として優秀です。進軍のときなどに使われます。

しかし、横陣には次のような欠点もあります。

✠ 突破されると弱い

陣形は横に薄く広がっているので、敵に突破されて後方に回られると対処できません。

この対策として、「予備」069 が考えられました。突破されそうな地点の穴埋めに、また、突破してきた部隊と戦うために、横陣の後方に移動力の優れた部隊を置いておくと、いざというときに役立ちます。

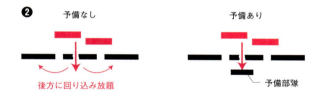

❷ 予備なし　／　予備あり　　後方に回り込み放題　／　予備部隊

✠ 敵が集中すると遊兵ができる

敵が横陣の一箇所だけに集中攻撃をしてくることがあります。こうすると、戦線を引いていた残りの兵は、そこにいるだけで戦わない**遊兵**となってしまいます。

この対処は2つあります。まず、敵の攻撃が集中している地点の強化です。予備部隊があるのなら、それを送り込んで味方の戦線に厚みを持たせます。

次に、遊兵となっている部隊を動かします。具体的には、攻撃してくる敵部隊を「包囲」079 するように移動します。包囲されると思っただけで敵が逃げるかも知れませんし、うまく行けば敵を包囲殲滅できます。

❸ 一点突破を狙う敵　／　補強と包囲

このような、敵の戦術への対処を追加することで、横陣は近代まで生き残りました。横陣は単純であるので陣形の追加変更も簡単なのです。

第6章 076 Line Formation
横陣（戦闘）
Line Formation

+ 陸上戦術
+ ホプリタイ
+ 古代ギリシア

横陣の列の数

　横陣同士が戦うとき、戦闘はどのように推移するのでしょうか。まず、矢面に立つのは、当然のことながら最前列に陣取る兵士たちです。また、2〜4列目の兵士たちも、前の兵士の隙間から槍を突き出すなどして、戦闘に参加しています。5列目より後ろの兵士は、前の兵士が倒れたときの予備であり、最初は戦闘に加わっていません。

　横陣は、1列100人前後で10列編制（1,000人くらい）が、標準的な1部隊です。1列200人以上の大きな編制や、縦を20列以上にした厚みのある編制なども、組まれることがあります。

隣の隊　　　　　　1列100人、10列からなる隊　　　　　　隣の隊

　最前列の兵士が死亡・負傷すると、交代に2列目の兵士が最前列に出てきます。その後ろの兵士も、1列ずつ前に出ます。倒れた兵士は、後列の予備の兵士が引きずって下げます、負傷しているだけなら、部隊の後ろで多少の治療を行えます。

　このようにして、常に最前線で戦う兵士を維持するのが、横陣の兵士が10列ほどいる理由です。そして、10列の兵士がすべて倒れたとき、横陣には穴が開き、敵に味方の後方へと突破されてしまうのです。

横陣の弱点

　この横陣で最も弱点とされるのが右翼です。なぜなら、この当時の兵士は、右手に槍を、左手に盾を持って戦うため、身体の右側ががら空きだったからです。

　横陣を組むと、自分の右側は、自分の右に立つ味方の盾で守られるので、安心して戦うことができました。しかし、右端に立つ兵士の右側はがら空きのままです。そこで横陣では、最右翼に最も強力な部隊を置きます。右側面を空けたままでも敵を圧倒できる実力のある部隊に最右翼を任せます。このため、横陣の戦いは、次のような経緯を取ることが多くなります。

1. 両軍が対峙する。両軍の部隊数や陣の攻勢などは異なることもある。❶は、自軍が大きめの4個部隊、敵が小さめの5個部隊で、兵力はほぼ同数である。
2. 両軍とも、右翼が最精鋭部隊なので、敵の左翼を圧倒している❷。どちらの左翼が先に崩れるかで、横陣の戦いは決着がつくことが多い。
3. 敵軍の左翼が先に崩れて、兵が逃亡し始める❸。近くの味方部隊が逃亡し始めると、他の部隊の士気も落ちて逃げ出しやすくなる。このため、敵軍は左翼部隊に近い部隊から、士気が落ちていく。自軍の右翼は、残る敵軍の背後に回るために、隊列を旋回し始める。
4. 包囲殲滅されるのを恐れて、また士気が崩壊して、敵軍は総崩れで逃げ出している❹。敵の左翼が崩れると、左翼から順番に逃げ出していくので、敵の右翼の逃亡が遅れることが多い。もちろん、自軍は追撃をかける。

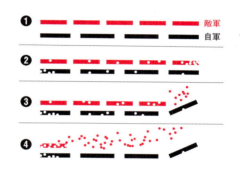

　このように、横陣の戦いでは、右翼が敵左翼を崩し後方へ回り込むことを目指します。もちろん、実際には回り込む前に敵が退却（逃亡）することが多く、敵戦線が崩壊して勝利することがほとんどです。本当に回り込まれて敵に包囲されたら、降伏させられる（＝奴隷にされる）か殺されるかのどちらかなので、左翼が崩壊した時点で逃げ出すのが、敵兵士にとっても正しい行動なのです。

第6章 077 Echelon Formation

斜線陣
Echelon Formation

- スパルタ
- エパミノンダス
- 古代ギリシア

世界最古の作戦

　斜線陣とは、敵の一部（強力な部隊であることが多い）をより強力な部隊で打倒し、敵を絶望させる作戦です。一種の心理戦の面もある作戦でもあります。それをヨーロッパ史で最初に行ったのがテーバイの将軍**エパミノンダス**です。その行動は、知将を描く参考になるでしょう。

　当時、ギリシア人の戦闘は、横陣で行われていました。しかし、横陣で戦う限り、最強の右翼を持った軍が最強となります。そして、当時最強と呼ばれたのがスパルタ歩兵であり、スパルタ歩兵を擁するペロポネソス同盟（ラケダイモンを筆頭とする同盟軍）は、ほとんどの戦いに勝利していました。

　しかし、ラケダイモン軍（スパルタ軍を含む連合軍）と戦うボイオティア軍（テーバイ軍を含む連合軍）の将軍エパミノンダスとしては、負けるわけにもいきません。

　彼にとっての難問は、スパルタ歩兵が強すぎることでした。圧倒的大軍がなければ、スパルタ歩兵は倒せません。しかし、スパルタ歩兵に大軍を当てて、そのうえで他の歩兵すべてと対等に戦えるほど、ボイオティア軍の兵は多くないのです。

　そこで、エパミノンダスは、次の2点に注目して新しい陣形を考えました。

- 味方部隊、特にスパルタ歩兵が逃げ出せば、他の部隊は士気が崩壊して逃げ出す可能性が非常に高い。
- 横陣の移動速度は、あまり速くない。

レウクトラの戦い

　この2つの利点を活かして、エパミノンダスが発明した陣形が斜線陣です。そして、この斜線陣を使った世界初の戦いが、紀元前371年の**レウクトラの戦い**です。

　斜線陣は、通常の横陣に似ていますが次の点で異なります。

1. 部隊を真横に配置する横陣と異なり、左翼を前に、右翼を後ろに、斜めになるように配置する。そして、左翼部隊は分厚い大軍とする。ただし、初期配置は横陣で、戦闘開始後の移動速度の差によって斜線陣になったという説もある。
2. 前に配置された左翼部隊は可能な限り急進するが、後ろに配置された右翼部隊はゆっくりと前進する。
3. 1の隊列と2の移動方法によって、前に配置された左翼部隊は先に接敵し、後ろに配置された右翼部隊はなかなか接敵しない。

　レウクトラの戦いにおいて、エパミノンダスは、12列のスパルタ軍に対し、50列のテーバイ軍を左翼に集中して、前に配置します❶。そして、戦いが始まると、テーバイ軍は急進します。

　左翼に軍を集中した代わりに、通常なら精鋭を配置するはずの右翼には、弱兵を置いています。しかも通常10〜12列ほどある隊列を減らして、横に広げています。

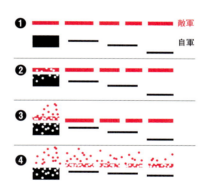

　まず、左翼のテーバイ軍とスパルタ軍が激突します❷。もちろん、スパルタは強兵です。しかし、さすがのスパルタも、4倍以上の厚みには耐えられませんでした。損害に耐えきれず、スパルタ軍が崩れます❸。そして、スパルタ軍が崩壊したとき、弱体だったボイオティア軍右翼は、まだ接敵すらしていません。

　最精鋭である右翼のスパルタ軍が崩れたのを見て、中央や左翼の同盟軍は士気を喪失し逃げ出します❹。

　斜線陣は、敵の精鋭を数で押しつぶし、それによって敵の士気をくじくことにあります。つまり、「戦力の集中」061 を行っています。精鋭に数をぶつける以上、他の部分は少数の兵で時間稼ぎをしなければなりません。これを、エパミノンダスは斜線陣という形で表して見せました。これも、一種の「各個撃破」と考えるべきでしょう。

鉄槌と金床
Hammer and Anvil Tactic

- ✚ 重装歩兵
- ✚ 騎兵
- ✚ 包囲

重防備と機動力

　華麗で偉大な勝利は、やはりアレクサンドロス大王やハンニバルのような偉大な軍人の勝利を参考にすべきです。彼らの得意技として知られる作戦が、**鉄槌と金床**です。

　まず、堅固な防御力を持つ部隊が、敵の攻撃をじっと耐え抜きます。この部隊は、耐えるのが仕事ですから、移動力は必要とされません。そして、この間に、機動力のある部隊が敵の後方に回り込んで、後ろから敵部隊を攻撃します。後ろからの攻撃を受けてしまった敵は、前に逃げたいと思いますが、前は味方の堅固な守備列が敷かれていて進めません。間にはさまれた敵は、磨り潰されて壊滅することになるのです。

　この様子が、鍛冶のときに材料を丈夫な金床の上に置いて、鉄槌で打つところに似ているので、鉄槌と金床といいます。

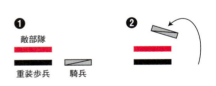

　堅固な防御力を持ち移動力の低い部隊が金床で、移動力が高く敵の背後を突く攻撃力の高い部隊が鉄槌です。このため、一般には重装歩兵部隊が金床、騎兵部隊が鉄槌を担います。

　鉄槌と金床作戦の最重要ポイントは、兵員を展開する場合、その人数に最適な面積があるという点です。広すぎる面積に展開してしまうと、攻撃も防御も弱体化することはすぐにわかります。しかし、実は狭すぎる面積に押し込められても、攻撃・防御ともに弱くなるのです。これは、武器や盾を使うためには最低限必要な面積があるからです。狭すぎると、隣の兵に当たってしまうため、武器を思いっきり振るえません。さらに狭くなると、ぎゅうぎゅう詰めになって身動きすらとれなくなってしまいます。

本来の面積より狭いエリアに押し込めて弱体化した敵を、弱体化したままで壊滅させようというのが、鉄槌と金床作戦の真髄です。

騎兵と重装歩兵の組み合わせは典型的ですが、他の兵科、例えば、軽装歩兵と重装歩兵で鉄槌と金床作戦を行うこともあります。

他にも、地形を重装歩兵の代わりにすることもあります。崖や川、泥沼などを金床代わりにして、その地形に敵を押しつけて倒します。「伏兵」068 で紹介した**トラシメヌス湖畔の戦い**は、湖を金床に使い伏兵を鉄槌とした鉄槌と金床作戦の一例ともいえます。

大規模な鉄槌と金床

鉄槌と金床は、トラシメヌス湖畔の戦いのような一つの会戦で行うだけではありません。もっと大きな作戦にも応用可能です。大軍団が戦力を発揮するには、大軍団に相応しい面積が必要です。それより狭い面積に押し込められた大軍団は、敵の攻撃の前に敗北するのです。

第二次世界大戦のドイツ軍の話ですが、北フランスにおける電撃戦によって、英仏連合軍40万人はダンケルクの町に押し込められました。敵味方の戦線はかなり短くなっており、40万人も兵員がいても、その戦力のほとんどが遊兵と化しています。

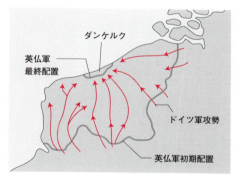

これは、大作戦レベルの大規模な鉄槌と金床です。海という巨大な金床と、ドイツ装甲軍集団の鉄槌が、英仏軍を押しつぶそうとしたのです。

もし、ヒトラーがダンケルクへの突入命令を出していれば、この兵員は全滅か降伏しか手がなかったでしょう。しかし、ヒトラーは突入を禁止したので、イギリスは輸送船から艀まで使った奇跡の脱出作戦（**ダイナモ作戦**）によって、物資を破棄して36万人の兵員だけは救出することに成功しました。

ヒトラーは、この機会を活用できませんでした。この兵員が失われていたら、第二次世界大戦の勝敗は変わっていたかも知れないといわれるほどの大きな差があったのです。

第6章 079 Envelopment
包囲
Envelopment

- ✚ 殲滅
- ✚ 降伏
- ✚ 逃亡

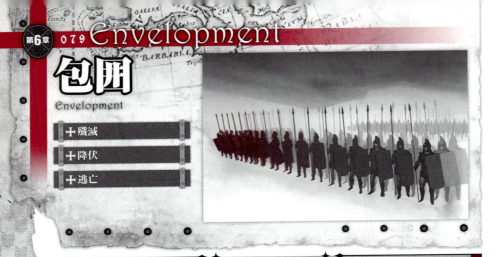

様々な包囲

　多くの戦いは、敵が逃亡するか、敵が降伏するかで終わります。敵を降伏させるためには、敵を**包囲**するのが効果的です。また、包囲して敵を降伏させたほうが敵を捕虜にできるなど、都合がよいことが多いのです。

　もちろん敵は包囲されたくありませんから、いかに敵に包囲と気づかせずに包囲に持って行くかが、指揮官の作戦の妙といえます。

　包囲を行うとき、どのように部隊を移動させるかで3つの方法があります。

- 🔴 **両翼包囲**：自軍の戦線の両側から敵軍を包囲する❶。そして、敵軍の後ろで蓋をして包囲を完了する。
- 🔴 **片翼包囲**：自軍の戦線の片方から包囲する❷。戦場の片側が川や山地など、軍の動けない地形である場合に使われる。
- 🔴 **蓋**：自軍の戦線が半包囲（後述）した後で、伏兵などが後ろから現れて、逃げ道を塞ぐ❸。

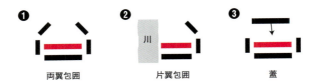

　また、包囲する部隊をどこから持ってくるかによって、大きく3つに分けられます。それぞれ、まったく違う作戦になります。

- **戦線延長**：自軍の戦線の左翼、もしくは右翼の後列を移動し、戦線を延長して、敵軍を包囲する。隊列の厚みが減るので、戦線が崩壊する可能性もある。
- **戦線撃破**：自軍の右翼や左翼が敵軍を撃破した後に、自由になった翼で敵軍中央を包囲する。
- **伏兵**：自軍の戦線はそのままで、伏兵を敵軍の後方や両翼に出現させて包囲する。

包囲は、その完全さによっても3つに分類できます。これによって、包囲された敵をどう攻撃するかが変わるからです。

- **全周包囲**：包囲が完全で、味方戦線によって敵軍を完全に包囲できている状況。ほとんどの場合、包囲された側は士気が崩壊して降伏する。しかし、敵の指揮官や敵軍の士気によっては、全滅覚悟の最後の大暴れをする場合もある。
- **脱出口がある包囲**：ほぼ完全に包囲できているが、まだ一部包囲が閉じ切れておらず、そこから敵が脱出可能な状況。脱出口に敵軍が集中してごった返すことになるので、わざと脱出口を作り、身動きの取れない敵に大打撃を与える作戦もある。
- **半包囲**：包囲の戦線は、敵軍の周囲の半分以上を囲んでいるが、まだまだ包囲が完成したとは言い難い状況。完全に包囲して降伏させるのが目的ではなく、両側から攻撃することで敵に大ダメージを与えたり、包囲を恐れて逃げ出そうとする敵に対して追撃戦をするために半包囲することが多い。もちろん、敵の動きが鈍ければ、包囲が完成する。

自軍が包囲されそうなときには、次のような対抗策があります。

- **延翼**：包囲されそうな側の外側に部隊を送って、翼を延ばす❹。これで包囲を阻止する。

❹ 延翼

- **中央突破**：敵は包囲のために両翼に精鋭を送っているはずなので、比較的弱体化している中央を突破し、そのまま敵中央の後ろへと回り込む❺。

❺ 中央突破

- **鉤形陣**：包囲によって、部隊の側面や背後を突かれることを防ぐため、翼端の部隊を後方に曲げた戦線にする❻。包囲されつつも通常通りの戦いができる。

❻ 鉤形陣

第6章 080 Envelopment and Annihilation
包囲殲滅戦
Envelopment and Annihilation

- ✚ 手本
- ✚ 騎兵
- ✚ 中央突出

現代にまで残る傑作

歴史上最高の戦術家ハンニバルの最高傑作ともいえる作品が**カンナエの戦い**です。**包囲殲滅戦**のお手本ともいえる戦いで、紀元前の戦いであるにもかかわらず、現代の戦術研究においてすら研究対象とされるほど洗練された戦術が使われています。

カンナエの戦いは、ハンニバル（カルタゴ）対ローマの戦いです。その兵力は、表のようになっていました。

	ハンニバル	ローマ
歩兵	40,000	64,000
騎兵	10,000	6,000
合計	50,000	70,000

明らかに、ローマのほうが大軍ですが、騎兵だけはハンニバルの軍が優勢です。ハンニバルは、この優勢な騎兵を利用して勝利を得ようとします。

最初の陣形は❶のようになっていました。ローマ軍は、中央の重装歩兵は縦深を深く（隊列の列の数を増やす）、左右に騎兵を3,000ずつ均等に配しました。ハンニバルの軍は、中央にガリア傭兵とスペイン歩兵、その左右にカルタゴ重装歩兵を置きますが、このとき中央を前に出し、

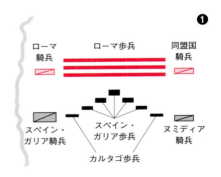

その代わりに中央の縦深を深くします。両翼の騎兵は、右翼に3,000のヌミディア騎兵を、左翼に7,000のスペイン・ガリア騎兵を置きます。そのさらに左側には川がありました。

戦闘が始まると、中央では明らかにローマ歩兵が、寄せ集めでしかないガリア傭兵を押しています❷。しかし、縦深が深く、前に配置されたガリア傭兵は、押されながらも耐えています。ハンニバルの歩兵陣形は、段々と平らになっていきま

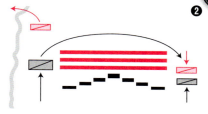

す。騎兵はというと、右翼のヌミディア騎兵は、ほぼ同数の同盟国騎兵と互角に戦っています。そして、スペイン・ガリア騎兵は、ローマ騎兵の倍もいることもあって、ローマ騎兵を蹴散らします。ローマ騎兵は、戦うのではなく、逃げながら敵を引きつけることで時間稼ぎをしたいと思ったのですが、歩兵と川に囲まれた地形では、戦う以外の手がありませんでした。スペイン・ガリア騎兵は、ローマ騎兵を追わず、敵の背後を通過して、同盟国騎兵の背後に回り込みます。前後から3倍の敵に攻撃された同盟国騎兵は、一瞬で壊滅します。

ハンニバルの騎兵がローマの騎兵を追い散らしたころ、ハンニバルの歩兵は、ローマに押され続けていました。しかし、両端のカルタゴ重装歩兵はしっかりしていたため、ローマ歩兵は中央だけが突出し、U字の形になっていました❸。これも、ハンニバルの予定通りです。敵の中央を突

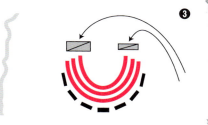

出させることで、半包囲の形にもっていったのです。もちろん、ローマ軍は、それを危機と感じず、敵の中央突破のチャンスと錯覚していました。ハンニバルの騎兵は、ローマ騎兵を追いかけることに無駄な時間を使わず、U字になったローマ歩兵の背後に移動して蓋をします。

背後から襲われたローマ歩兵は、前へと逃げ、狭い地域にぎゅうぎゅう詰めになります。圧死した兵までいました。こうなっては、いかに忠勇なローマ歩兵でも何もできません。完全包囲下に置かれて周囲からの攻撃を受けて、壊滅するだけでした。

この戦争で、ローマは7万人中6万人が死傷し、1万人が捕虜になりました。2人の執政官のうち1人は戦死し、参加していた元老員議員（ローマ全体で300人ほど）は80人が戦死するという、ローマには最悪の結果となりました。ハンニバル軍の被害は、ガリア傭兵（後でまた雇える）を中心に6,000人ほどと、圧倒的な差でした。

第6章 081 Frontal Breakthrough
中央突破

- ✚ 騎兵突撃
- ✚ 豪腕
- ✚ 中世騎士

戦場の華

　戦いの中で最も豪快な勝利、それが中央突破とその後の背面展開です。中央は、敵も強力に防御していますが、それだけに突破できれば敵の動揺は大きく、敵を完膚なきまでに叩き潰すことのできる戦法です。

　中央突破の作戦は、次のように非常に簡単です。成功すれば敵の全軍は崩壊します。

1. 中央に精鋭を集め、敵の中央を撃破する❶。
2. 中央を撃破したら、味方の中央部隊は敵の背後に回る❷。
3. 中央部隊は左右に分かれ、それぞれ敵の右翼と左翼を背後から襲う❸。

中央突破に必要な条件は次の3つです。

1. 味方中央部隊が、敵の中央部隊を撃破できるだけの攻撃力を持っている。
2. 敵の撃破後、味方中央部隊は向きを変えて、敵両翼の背後にとりつく移動力がある。
3. 味方の両翼には、敵の両翼が逃げ出さないように押しとどめる力がある。

　実際の戦闘では、中央が撃破された時点で、敵の両翼は逃亡をはじめます。包囲する前に、敵全軍が崩壊するでしょう。

騎兵による中央突破

　先ほどの条件の中で、最も厳しいのは敵の中央部隊を撃破できるだけの攻撃力があるかどうかです。この条件を考えると、中央部隊には突破力と移動力もある騎兵、特に重装騎兵などが向いています。逆に、両翼は防御力が必要で、移動力はどうでもよいので重装歩兵部隊向きです。つまり、騎兵の配置で、中央突破狙いか包囲殲滅狙いかが予測できます。

　古代ギリシアやローマの戦いでは中央に歩兵を、両翼に騎兵を置いた包囲殲滅狙いが多く見られます。中世の騎士の時代になると、中央に騎兵を置いた中央突破狙いが多くなります。これには、時代背景による理由があります。

　古代は鎧や鞍が未発達だったので、どうしても兵の主力は歩兵となります。また、大帝国も多く、歩兵が万単位、騎兵も千単位で登場します。このため、主力の歩兵を中央に置いて左右に騎兵を置くスタイルとなり、包囲殲滅狙いが主流でした。

　これに対し、中世ヨーロッパでは、軍の規模が一桁小さくなります。そして、軍の主役となる貴族たちはすべて騎士で、指揮官も当然騎士です。このため、騎士たちは基本的に軍の中央に集中しています。逆に、歩兵は傭兵か無理矢理徴兵した農民兵なので、あまり当てになりません。よって、比較的当てになる騎士の突破力を利用するため、中央突破作戦が主流になります。

　このような騎士による突破が作戦のほとんどだった中世において、スイス傭兵のような騎兵突撃に対抗できて士気も高い歩兵が、非常に役立つ兵力であることは明らかです。騎士たちの作戦のほとんどすべてといってよい、騎兵による中央突破作戦を阻止できるからです。

　中央突破で最も破天荒な作戦は、関ヶ原における島津義弘の撤退戦です。わずか1,500人で関ヶ原の西軍に参加した島津軍は、西軍の敗北が決まって撤退を始めます。しかし、なんと敵のど真ん中に突っ込んで、それを突破し撤退するという、とんでもない作戦に出ます。しかし、ある意味これは合理的作戦でした。なぜなら、普通に撤退すれば、東軍の追撃を受け続けることになり、1,500人しかない島津軍は壊滅したでしょう。しかし、突破しさえすればその向こうには敵はいませんから、逃げられると考えたと思われます。実際、わずか80人しか生き残りませんでしたが、それでも義弘（当時の大名）を生かして国許に帰せたのです。

　現代戦では、この突破は戦車部隊の仕事とされます。ファンタジー世界であれば、戦車に相当する兵科、移動力と突破力がある兵科が騎兵以外にも考えられます。ドラゴンやゴーレムといった、固くて敵兵を蹴散らせる部隊などが向いています。

くさび形陣形

Flying Wedge Formation

- ✚ 横隊
- ✚ 縦隊
- ✚ 騎兵

火力と突撃力

　騎兵突撃に最も多用されるのが**くさび形陣形**です。くさびの形のように三角形に配置した陣形で、その先頭は最も危険で最も目立つポジションです。

　戦いにおける基本的な陣形は、「横陣」075 と縦陣です。横陣は正面火力に優れていますが、移動、特に方向転換などは不得意です。さらに、厚みが薄くなりますから、一点突破などにも弱くなります。逆に縦陣は、正面火力は弱いですが、移動や方向転換は楽です。特に指揮官が先頭にいれば、後ろはついていけばよいので、軍を移動させるときなどは縦陣が普通です。

　しかし、他にも戦いに有力な陣形はあります。その一つがくさび形陣形です。超攻撃型の陣形ともいわれますが、実は応用の利く陣形でもあります。次のように、くさびの形を横に広げるか狭めるかによって使い勝手が変化します。

- ● **鈍角くさび形**：部隊が銃や弓で攻撃する場合、攻撃を集中させることができる❶。特に、敵の陣形のうち、こちらのくさびの先頭が衝突する箇所を狙うことで、敵隊列の一箇所を、壊滅まではいかなくても混乱に落とすことができる。
- ● **鋭角くさび形**：部隊が突撃して白兵戦による突破を試みる場合に有利な陣形❷。敵の狭い部分に攻撃力を集中させたほうが効果が高い。また、陣形内の兵士は前後に十分な間隔があるので、全速で突入できる。

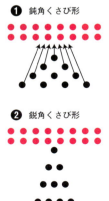

このように考えると、敵隊列に激突する前は、鈍角にして敵の一箇所を遠距離から攻撃し、その後鋭角に変化しながら突入できれば、最も高い効果が期待できます。

横陣と縦陣の両方の特徴を、完全ではないものの備えることができ、しかも比較的短い時間で切り替えることができる点が、くさび形陣形の特徴です。もちろん、そのためには高度な訓練が必要なので、精鋭部隊のみが実行可能であることはいうまでもありません。

指揮官とその位置

くさび形陣形では、指揮官の位置によって、次のように戦い方が変わります。

- **指揮官先頭**：くさび陣形の先頭に指揮官がいる場合とは、武芸に自信のある指揮官が、自ら部下を率いて敵に突入するといった場合❸。利点は、指揮官の動きを全員が見られること。部下は指揮官を見て、その通りに動けばよいだけなので、部隊の運動性も高くなる。また、指揮官が先頭にいると、部隊の士気も上がる。欠点は、指揮官が死傷しやすく、その場合は部隊が混乱してしまうこと。ついで、指揮官がまず白兵戦に巻き込まれるため、「我に続け」以上の部隊指揮ができないこと。

❸ 指揮官先頭

- **指揮官中央**：先頭は武芸に自信のある部下に任せ、指揮官はくさび形陣形の中央あたりで指揮に専念するといった場合❹。利点は、指揮官がきちんと部隊を見ることができるところ。白兵戦が始まっても、部隊に指示を出し続けることができる。また、指揮官が比較的安全な場所にいるので死傷しにくく、部隊が混乱してしまう確率が下がる。欠点は、隊列の移動指示が、指揮官が先頭にいる場合に比べてワンテンポ遅れること。また、指揮官の勇敢さに部下が疑問を感じて、士気が下がる可能性もある。

❹ 指揮官中央

一長一短なので、指揮官の性格や武力によって使い分けるべきでしょう。ただ、部隊の士気が気になる場合は、指揮官先頭を使うしかありません。また、敵の火力が気になるなら、指揮官中央で守っておくべきです。

第6章 083 Tercio

テルシオ
Tercio

- ✚ スペイン
- ✚ 近世の最強
- ✚ 動く城塞

歩兵の城塞

　他国に占領された植民地を解放する物語も、ファンタジーではよくあります。この場合、歴史的に広大な植民地を所有したスペインが、敵役のモデルとして出てくることが多いようです。そして、当時のスペインの強さの源が**テルシオ**です。

　テルシオ（スペイン方陣）は、16世紀のスペインが開発した歩兵と銃兵を組み合わせた軍隊の編成です。16世紀には、最強とうたわれ、数々の戦いに勝利し続けました。

　テルシオの基幹となるのは、パイク兵の方陣です。

　初期テルシオの編制は、パイク兵10個中隊（1個中隊219名）、火縄銃兵2個中隊（1個中隊224名）でした。火縄銃兵中隊には15人、パイク兵中隊には20人のマスケット銃兵（当時のマスケット銃とは、大型火縄銃のことで、2倍の大きさの弾丸を撃てるが、重くて反動も大きく銃架で支えないと射撃できないもの）が含まれていました。テルシオ全体では、銃兵1人に槍兵が4〜5人という比率です。

　これら中隊で、横100列、縦15〜20列の方陣を組みます❶。この方陣の周囲には、1列ずつ銃兵を置い

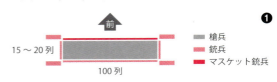

ています（前面には強力なマスケット銃兵）。さらに、方陣の四隅に、横10〜20列、縦5列程度の銃兵の方陣もあります。

　テルシオの基本コンセプトは、動く城塞です。パイクの槍衾（やりぶすま）によって敵騎兵の突撃を防ぎ、銃兵が攻撃をします。城塞ですから、動くことは動くものの移動力は最低です。しかし、それでよいと割り切って防御力と攻撃力に注力しているのです。

　方陣の周囲の銃兵は、槍兵が後ろから突き出した長い槍と、別働隊の騎兵によって

186

守られます。四隅の銃兵は、敵が来たら方陣の中に待避します。こうして、槍兵の防御力に銃兵の攻撃力を加えてバランスのよい部隊を作ったのです。

銃兵の強化

テルシオは、100年間も使われているうちに変化しました。その原因は、銃兵の強化によります。16世紀の終わりには、銃兵の数が変わらないままに、槍兵の隊列は横100列が50列程度に小さくなります。

他国は、次のようにテルシオの対抗策を考えました。

- **オランダ式大隊**：槍兵を前に、銃兵を後ろに並べた部隊❷。槍兵と銃兵の人数比は一対一と、テルシオに比べて銃兵が増えた。200人の集団が4つで800人、さらに指揮官などが50人、計850人で1部隊。槍兵は横1m弱に1人並んでいるので、正面から見た幅は20m弱。銃兵は、もっと横幅が必要で横2mに1人並ぶので、正面から見た幅は槍兵よりも広がっている。通常は槍兵の後ろに隠れていて、適宜槍兵の左右に出て射撃を行う。このような防御の薄い隊列が可能だったのは、銃兵の火力上昇によって、騎兵突撃の効果が減ったから。

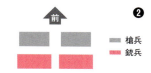

各集団 横20×縦10の200人

- **スウェーデン式大隊**：オランダ式よりもさらに防御が薄くなっている。前が36×6の槍兵、次が36×6の銃兵、最後が予備の16×6の銃兵という隊列❸。いざというときに対応可能な予備部隊があるところが、部隊運用の柔軟性を増しているポイント。

17世紀には、銃兵にフリントロック式小銃を採用したことによって、テルシオの構成は❹のように大きく変わりました。銃兵が密集射撃をできるようになったからです。四隅の銃兵が、左右の銃兵の大型隊列へと変更されます。槍兵は37×10、銃兵は27×9が2部隊です。マスケット銃兵（大型フリントロック式小銃）は27×3、槍兵の左右には、6×10の銃兵が2個ついています。

銃兵部隊は、槍兵の前に出て射撃陣をひくこともあれば、槍兵の後ろに隠れることもあります。槍兵を城塞とみて、その前に陣を敷いたり、城に隠れたりするわけです。

八陣 Hachijin

- 日本の陣形
- 戦術
- 中国

八陣図

　日本の陣形は、中国の影響を色濃く残しています。それが**八陣**です。平安時代に中国から日本に陣形が伝えられ、その後「魚鱗」「鶴翼」など日本独自の名前がつけられました。

　八陣は陣形と呼ばれていますが、単なる部隊の配置ではなく、部隊を動かして敵に対処する戦術を含んだ概念です。陣形と戦術でワンセットなのです。

● **魚鱗**：左右の部隊を下げ中央を厚くし、全体は魚のウロコのような形で、本陣を一番後ろの中央に置く陣形❶。その目的は、厚い中央を活かした中央突破にある。欠点は、部隊の幅が狭いので包囲されやすいことと、がら空きな背後からの攻撃に弱いこと。しかし、日本のような狭い地形では、これらの欠点が露呈することは少ないため、中央の厚さという利点のみを活かすことができる。

❶ 魚鱗

● **鶴翼**：左右を広げて中央を下げた形で、魚鱗の陣などを包囲するための陣形❷。敵より多数の兵員で鶴翼の陣を敷けば、左右の翼で敵の後方を閉じて包囲できる。欠点は、左右両翼が本陣から遠いため、緊急時の連絡が取りづらいことと、中央はあまり厚くないので敵の中央突破に弱いこと。

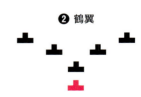

❷ 鶴翼

作戦と陣形 第6章

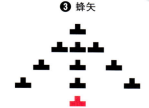

- **蜂矢**：魚鱗の陣をさらに極端にした陣形❸。ひたすら真っ直ぐ進んで中央突破を狙う陣形ですが、その目的においては非常に強力です。欠点は、ただ前へ進むことしかできず一切の応用が利かないことと、本陣が後方や側方からの攻撃にかなり弱いこと。
- **偃月**：本陣を先頭に敵を突破する陣形❹。これも突破のための陣形の一種。ただし、蜂矢と違い、本陣が先頭で後の部隊はついていくだけでよいので、突破のための突入先を指揮官が自由に決めることができる。欠点は、本陣が一番危険な場所にあることと、本陣が真っ先に戦闘中になるので後ろを指揮する余裕がないこと。

- **方円**：本陣をすべての方向の攻撃から守る防御の陣形❺。ただし、どこからの攻撃に対しても強力な反撃ができるわけではないので、敵攻撃方法がわかったら陣形変更を行う。欠点は、移動力がほぼ無いこと。
- **長蛇**：敵陣を突破して抜けるという意味では有効な陣形❻。ただし、横からの攻撃に対して防御力がまったくない。
- **衡軛**：二列縦隊の陣形❼。進軍して敵と接触したところで左右に分かれることで、敵を包囲することを狙う。欠点は、本陣のいない一列に有能な副将が必要なところ。
- **雁行**：先鋒部隊が敵と接触するための陣形❽。別働隊が、雁行の部隊だけでは包囲しきれない残り半分を包囲してくれることを期待した陣形で、これだけでは完結しない。

残念ながら、日本の陣形の実用性には疑問があります。鶴翼と魚鱗が使われたことはわかっていますが、他の陣形は使われなかったのではないかといわれています。

第6章 085 Combined Arms
諸兵科連合

Combined Arms

- 槍兵
- 騎兵
- 銃兵

弱点のカバー

　諸兵科連合という言葉は現代の用語で、16～19世紀には**三兵戦術**といわれました。これは、歩兵・騎兵・銃兵（砲兵）の3種類の兵科をうまく組み合わせて戦うものです。三兵の兵科は時代により変化があります。しかし、時代時代の最新の兵科を組み合わせて、最大の戦果を挙げようという努力はずっと続けられたのです。ここでは、17世紀前半に最も一般的だった、スウェーデン王グスタフ・アドルフの槍兵、騎兵、銃兵（砲兵）の三兵戦術を紹介します。

　三兵には、表のようにそれぞれ利点と欠点があります。

兵科	利点	欠点
槍兵	・比較的防御が固い ・コストが安い	・攻撃力が低い ・移動速度が遅い
騎兵	・突撃による衝撃力が高い ・移動速度が速い	・コストが高くて補充が困難 ・大きい（騎馬込み）ので遠隔武器に狙われやすい
銃兵	・火力が高い	・発射速度が遅い ・白兵戦能力が低い

　見れば明らかですが、どの兵科にも利点と欠点があります。そこで、それぞれの兵科の欠点をカバーし、利点だけを活かすようにするのが三兵戦術です。

　そもそも、三兵戦術が作られた理由の一つに、銃兵の兵としての歪さがあります。弾丸が命中すれば、鎧の騎士すら打ち倒す火力がありますが、発射頻度は、1分に1発（その後、1分に2発程度に上昇した）でしかありません。しかも、白兵戦になれば、なすすべもなく敗北します。初期の銃兵の能力は、火力の高いクロスボウマンでしかあ

りませんでした。そこで、銃兵を守るための槍兵が必要となります。銃兵は、槍兵に守られることで安全に弾の装填が行えるのです。

また、騎兵にも問題がありました。何の工夫もない騎兵突撃は、銃兵と槍兵の二段構えの防御によって、機能しなくなっていったのです。そこで、敵隊列を混乱させるために銃兵を使います。銃兵の射撃によって混乱した敵隊列は、騎兵突撃の餌食となりました。

槍兵は、他の2つの兵科に比べ攻撃力で劣ります。しかも、移動力は騎兵に劣り、遠距離攻撃力では銃兵に劣ります。しかし、安定した防御力があるので、銃兵をその防御力で守りつつ、攻撃力を補ってもらうのです。

三兵戦術が使われなくなったのは、17世紀後半から銃剣が広まることでパイク槍兵が必要なくなってからです。

そして、三兵ではなく全兵科の統合運用が行われるようになると、三兵戦術はそちらに吸収されます。現代では、歩兵・戦車・砲兵に加え、工兵や防空、航空まで含めて、すべてを連合させて動かすため、諸兵科連合と呼んでいます。しかし、各兵科の弱点をカバーし、利点を強化するために協力するという考えは変わりません。

19世紀の三兵戦術

19世紀になると、銃剣を持った銃兵（これが最大戦力）、騎兵銃を持った騎兵、車輪をつけた野戦砲を持った砲兵による三兵戦術が多用されます。これによって、すべての兵科で火力が上昇しています。

まず、一番射程の長い遠距離武器をもつ砲兵の攻撃から始まります。砲兵は、銃兵よりもさらに白兵戦能力が低い代わりに火力は高いという兵科です。銃剣登場前の銃兵の特徴を極端にした兵科ともいえるので、他の兵科で守ってやらねばなりません。それは銃兵の仕事です。

砲兵の援護砲火の下で、銃兵は進軍します。戦線を作って、味方砲兵に敵が到達できないようにするのは当然の任務です。

そして、隙を見て、騎兵が突撃し、突撃直前に騎兵銃を撃って敵を混乱させたうえで、サーベルによる近接攻撃を行います。自力で銃を撃って敵を混乱させることはできますが、やはり銃兵の援護があるとないとでは、敵の混乱の度合いが違います。

もし敵銃兵を突破できるなら、敵砲兵を攻撃したいのですが、なかなか難しいでしょう。敵銃兵が混乱したら、後は味方銃兵による銃剣突撃によって敵を撃破します。これが、基本的な勝利のパターンです。

第6章 086 Field Fortification

野戦築城
Field Fortification

- ✚ 防御施設
- ✚ 工兵
- ✚ 陣地

戦闘工兵の花道

野戦築城とは、野戦（城や砦などの防御拠点を使わない戦闘）において、城の利点を得るために、臨時の防御建造物（陣地）を作ることです。多くの物語で、主人公側は、少数です。そんな兵でも大兵力と戦えるようにするのが、野戦築城です。

防御建造物の目的は、大きく分けて次の5つが考えられます。

- 🔴 **敵軍阻止**：敵軍兵士の前進を阻止し、敵軍との白兵戦を避ける。
- 🔴 **敵軍攻撃**：前進してくる敵兵にダメージを与え、敵兵の数を減らす。
- 🔴 **射撃防御**：敵の弓・銃などの遠距離武器から味方を守る。また、味方だけが遠距離武器で敵にダメージを与えられるようにする。
- 🔴 **自軍隠蔽**：自軍の配置や行動を敵軍の目から隠す。これによって、敵の思わぬところから反撃の兵を出せる。
- 🔴 **自軍通路**：陣地を作るときには、工事の都合上通路も作る。陣地作成後は、その通路によって、素早く移動できて、兵の融通が行いやすくなる。

これらを達成するために、防御建造物を緊急に空き地に作り出してしまおうというのが野戦築城です。野戦築城では次のような構築物を作り、これらを組み合わせて敵の攻撃に対応します。

- 🔴 **堀**：人間が這い上がりにくい堀を掘って、敵の進軍を足止めする❶。1.5mくらいの深さでも、敵はその堀で必ず一時停止するので十分に足止めになる。しかも、敵は段差を登るときには盾を持てない。こうして無防備になった敵を、あらかじめ堀の位置に弓や銃で狙いを定めた味方部隊が撃つことで効率よく倒せる。

- **馬防柵**：馬が突破できないほどの高さと丈夫さがある木の柵❷。敵の進軍を止めることで白兵戦を避けられる。馬防柵の隙間から槍や矢や銃で攻撃できる。
- **土盛**：土を盛り上げて、人間が登りにくくしたもの❸。堀とワンセットで作るのが一般的。堀を掘った土で盛り土をすると土が余らず、急坂の高さを2倍にできる。
- **塹壕**：「塹壕」065を参照。堀に似ているが、自軍が入るところがまったく違う。射撃防御にも、自軍隠蔽にも使える。
- **石垣**：城のような大きなものではなく、家畜の囲いに使うための、高さ1〜1.5mほどの石垣を利用❹。ヨーロッパの農村地帯には、家畜の囲いとしての石垣があちこちにあった。この大きさでも、敵の矢や銃弾を止める力がある。

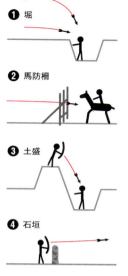

❶ 堀
❷ 馬防柵
❸ 土盛
❹ 石垣

通常の野戦なら、数の多いほうが有利ですが、片方が野戦築城に成功すれば、それを攻める側は3倍の戦力が無ければ不利になるとされています。

野戦築城の問題点

野戦築城は、大変強力ですが致命的な弱点が一つだけあります。それは「敵が攻めてきてくれなければ、何の役にも立たない」という点です。

野戦築城で勝利するためには、次の4つを満たす必要があります。

1. 敵の進軍コースを予測する。
2. 敵よりかなり前に、その地に進軍している（野戦築城をする時間的余裕がある）。
3. 敵がこちらの野戦築城を知ったとしても、進軍コースを変えられない。
4. 敵は諦めて撤退することができず、こちらを攻めることを強いられる。

戦国時代の合戦である**長篠合戦**は、野戦築城と鉄砲の三段撃ちによる勝利として知られています。しかし、勝因はそれだけではありません。武田軍の背後を押さえ、こちらを倒さずして帰国できないようにして、野戦築城を攻めざるを得なくした点が、信長の采配の最も優れたところなのです。

第6章 087 Across the River

渡河戦
Across the River

- 橋
- 浅瀬
- 分断

戦場を選ぶ

　古来、戦争において**渡河**（浅瀬などを利用して川を渡ること）は大変難しいものとされてきました。それには、次のような理由があります。

- **渡河中の脆弱さ**：渡河中は川を渡るので精一杯となり、他にはほとんど何もできない。このため、敵の遠距離攻撃に無防備となる。また、河から上がるところで待ち構えられていると、敵の足場はしっかりしているにもかかわらず、味方の足場は河の中で不安定となるので非常に不利。
- **味方の分断**：渡河によって味方が河で分断される。このため、敵に各個撃破されるおそれがある。

　仮に橋が使えても、脆弱さと分断の危険は変わりません。敵から丸見えの状態で狭い場所を移動する危険や、橋を落とされたり奪われたりする危険があるからです。
　つまり、敵を倒すにも、自信過剰な主人公を凹ますにも、**渡河戦**は適切な舞台となります。

水の力

　バノックバーンの戦いは、イングランドとスコットランドの戦いです。
　エドワード2世の父エドワード1世は、ウェールズとの戦いでロングボウの力を知り、王国中から弓兵を集めてロングボウ部隊を組織した優秀な戦術家でした。1世の時代、

スコットランドはイングランドに何度も敗れ、服従の日々を送っていました。

バノックバーンの戦いでも、明らかに、イングランドが兵の質・量ともに優れています。

イングランド エドワード2世	重装騎兵2000 歩兵15,000（大半はロングボウマン）
スコットランド ロバート1世	騎兵500 歩兵7,000（大部分は、槍・剣・斧などの白兵戦部隊）

　ロバート1世は、彼我の戦力差を知り、川や湖の多い湿地帯のバノックバーン（小川）を戦場に選びました。幸い、イングランドの進軍路は、ここを必ず通るのです。

　開戦初日には、ロバート自ら敵の指揮官と戦い、討ち取っています。これにより、スコットランド軍の士気は大いに高まりました。

　士気の高まったスコットランド軍は、翌日の早朝から動き始めます。これに驚いたイングランド軍は重装騎兵を投入しますが、その前には湿地が広がっていました。

　泥沼に足を取られてうまく動けないイングランド騎兵を、士気の高まったスコットランド歩兵が攻撃します。いかに重装騎兵といえ

ども、歩くより遅い速度しか出なければ、もはや大きな的でしかありません。重装騎兵部隊は、なすすべもなく壊滅していきました。

　ここで、イングランド歩兵（ロングボウマン）がなんとか味方の援護をしようとします。しかし、そこにわずか500のスコットランド騎兵が突入します。少人数とはいえ、スコットランド騎兵はこの土地に詳しかったので固い地面を選んで速度を落とさずに突入できました。弓兵は味方騎兵などの援護なしに騎兵突撃にさらされます。

　弓兵は、白兵戦に非常に脆いので、騎兵突撃によって逃げ出してしまいます。そして、隣接する歩兵も味方の逃亡に士気を落とし逃げ出したことで勝負は決します。

　スコットランドの勝因は湿地を味方にしたことです。しかし、ロバート1世が最も優れていた点は、この勝利に驕らず、以後は戦いを避け、小競り合いだけに留め、外交で渡り合うことを選んだ点です。彼は、イングランドのロングボウマンの真の威力を知っており、その力を発揮されたらスコットランドに勝ち目がないことをしっかり理解していたのです。

第6章 088 Supplying War
補給戦
Supplying War

- 物量
- 補給線
- 二線級部隊

勝敗の分かれ目

　作戦において、**補給線**(味方に補給物資を送る経路)は非常に重要です。前線部隊への補給、砦や城への補給、いずれも補給は補給先の兵の生死を決める重要な要素だからです。にもかかわらず、補給部隊はろくな武装を持っておらず、その護衛部隊も戦い慣れていない二線級の部隊であることが多く、正面兵力よりも簡単に倒すことができます。

　しかも、補給線を遮断すれば、次のような理由で簡単に大きな戦果を上げることができます。このような補給を巡る戦いを**補給戦**といいます。

- **多くの兵力に影響**：補給部隊1,000人は、正面兵力10,000人分以上の食料や弾丸を運んでいる。つまり、1,000人の敵を倒すだけで、10,000人の敵が餓えや弾丸不足でまともに戦えなくなる。
- **士気の低下**：補給が遮断されるということは、後方に敵がいるということなる。兵は不安になり、士気が落ちやすい。また、糧食が減らされるだけでも、兵の士気はがた落ちになる。

　物語的に見ると、補給の大切さは、近代になればなるほど重要となるため、中世ファンタジーの登場人物の中には、補給を軽視する者もかなり存在します。逆にいうと、新しい考えを持った主人公が活躍できる可能性があるということです。

　補給線を遮断するだけなら、戦う必要がないこともあります。敵の補給部隊が通る道路に居座るだけで、敵はその道路を輸送に利用できなくなります。「橋を落とす」「落とし穴を掘る」「道路を崩す」「岩を落とす」「地雷を埋める」などの方法ならば、部隊が逃げた後も、補給線を遮断し続けることができるのです。

しかし、これは敵もこちらの補給線を遮断してくる可能性があるということです。その対策には次のようなものがあります。

- **護衛部隊の編制**：補給部隊は、自軍の後方で活動するものである。敵の補給線遮断部隊は、自軍後方に秘かに侵入する必要があるが、大軍では発見されてしまうので小規模部隊での潜入となる。このため、補給部隊をある程度の規模の護衛部隊が守っていれば、攻撃されても負けることはないし、敵が護衛部隊の規模を見て攻撃を諦めて後退することのほうが多い。

- **補給線の複線化**：補給線を複数作っておき、片方が遮断されても、もう一方から補給ができるようにしておく。地形などの関係で、補給線が1本しか取れないところは、補給線攻撃側の狙い目となってしまう。そのような場合は、護衛部隊以外にも、補給線攻撃部隊を掃討するための部隊を配置しておく。

- **余裕を作る**：補給部隊が1つ2つ壊滅しても、全体の補給に問題が発生しないようにする。補給部隊に敵の攻撃があって、何％か失われることを前提に補給計画を立てる。

- **非効率に運ぶ**：戦場の効率は、平時の効率とは異なる。補給部隊ごとに、必要物資をまんべんなく運ぶようにする。Aの物資は第1輸送隊で、Bの物資は第2輸送隊でといった輸送方法のほうが輸送効率は高くなるが、これは平時の効率にすぎない。第1輸送隊が壊滅すると物資Aがすべて失われ、無事に運ばれたBやCも無駄になることがありえる。弾丸は来たけどガソリンが来なかった戦車のような状態にならないようにするということ。

しかし、最も有効な対策は、補給線が長くなるような戦いはしないということです。ナポレオンのロシア遠征において、冬場に広大なロシアの大地に進軍したフランス大陸軍は、冬期装備の不足と食糧不足に悩まされて壊滅しました。現代でも、補給線が長すぎて敗北した戦争として有名です。

補給戦の中で、最も辛いのが、**兵糧攻め**を受けることです。完全に囲まれてしまい、補給の一切受けられない城の中で、段々と食料が無くなっていきます。

第一の対抗策は、包囲を突破する戦いです。飢えて弱ってしまうと、この戦いすらできないので、食料のあるうちに行います。

第二の対抗策は、外から援軍が来る可能性に賭けて我慢することです。飢えて限界になるまでは我慢しますが、それでも助けが来ないと降伏します。

最も愚かな選択は、飢えて弱ってから包囲突破の戦いをすることですが、これは全滅への道です。しかし、歴史上、この選択をした城主も多いのです。

機動戦
Maneuver Warfare

- 移動
- 有利な位置
- 戦略と戦術

機動は戦闘の一部

　機動とは、戦闘における戦力の移動のことです。特に、戦闘に有利になるような意味のある移動のことをいいます。例えば、敵の包囲、迂回による敵後方への進軍、敵戦線の突破などです。この機動によって自軍を有利にしようという戦いを、**機動戦**といいます。機動戦で行う機動は主に3つあります。

- **戦力の集中**：機動によって戦場に敵より多くの部隊を集め、敵を撃破する。
- **有利な陣形・位置**：機動によって敵よりも有利な陣形で有利な位置を取る。包囲・後背攻撃など有利な位置からの攻撃は、こちらの素早い機動によってのみ成立する。
- **後方の遮断**：機動によって敵後方を遮断する。敵の戦闘能力を引き下げ、孤立し弱体化した敵を倒す。

　そして、これらの機動によって危機に陥ることを恐れる敵軍の将の心理的動揺こそが機動戦の真の目的です。敵が機動を行うと、常に後方や側面に注意を向けなければなりません。側面や後背に警戒部隊を置かせて正面を弱体化させたり、敵がある方向に注意を向けている隙に機動によって別方向から心理的奇襲を行うなど、敵の読みをはずすような攻撃をします。

　軍にとって機動の元となる移動速度は、最も重要な戦力要素です。移動速度は、戦力に2乗で効いてくると主張して、軍の戦闘力 f を、火力 m と速度 v から、$f = mv^2$ という式で表すことすらあります。

　機動にも、様々な規模のものがあります。それぞれの機動の例を挙げて、その注意点も併記します。

- **戦略機動**：戦闘していない部隊を、現在いるエリアから別のエリアへと移動させて、各エリアの戦力を調整する機動。
  - 敵の主攻勢が行われている場所の援軍にする。逐次投入の愚を避けるため、援軍はある程度まとまってから移動する。
  - こちらの主攻勢のために戦力を集める。その隙を敵の主攻勢で突かれないように敵軍の配置を監視しておく（❶では、東方の予備部隊を西方へと移動させている）。

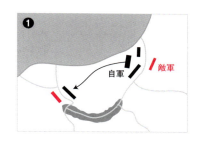

- **接敵機動**：戦術機動の一種。現在敵と戦闘していない部隊が、敵との有利な接触を求めて移動する機動。
  - 敵戦力を迂回して敵の後方へと移動する。移動する部隊は本隊の戦力の一部なので、戦線の戦力が減る。迂回中に本隊が負けないようにすることと、迂回の途中で敵に捕捉されないようにする必要がある（❷では戦場を迂回して後方に出ようとしている）。
  - 互いの部隊が激突する場合、衝突の向きや兵科の相性によって有利不利が変わる。機動によって、敵の側面に激突できると有利になる。

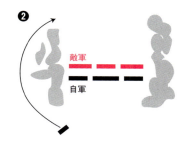

- **戦場機動**：戦術機動の一種。現在敵と戦闘中の部隊が、敵に対して有利な位置・体勢を取るために、戦いながら移動する機動。
  - 敵戦線を突破して、背面に移動する。
  - 戦いながら、少しずつ部隊を横に移動して、予備の味方部隊の展開場所を作る。
  - 戦いながら、少しずつ部隊を横に移動して、味方部隊に敵への対応を任せ❸、自分は他の策（❹では側面攻撃）を行う。

第6章 090 Seige

攻城戦（目的）
Seige

- ✛ 支配権
- ✛ 包囲
- ✛ 補給

城は何のためにあるか

　城とは、防壁や堀などで囲われ、敵からの攻撃を受けにくくした建造物です。城と一言でいっても、用途別に分類すると次のように3つに分けられます。ただし、この分類名称は、筆者が分類のために決めたものです。実際には、要塞を「○○城」と呼ぶなど、ばらばらな使い方がされています。

- ● **城塞**：領主などが住み、その地域の支配の中心となる建物。防衛用建造物の中に、軍の駐留所があり、領主家族および部下の住居があって、政治の中心でもある。
- ● **城塞都市**：都市そのものを城壁などで囲い、都市機能（生産、交易など）を守るもの。城塞都市内に領主とその政治機能が存在する場合もあるし、時には城塞都市の中にさらに城塞がある場合もある。中国やヨーロッパの都市は、この城塞都市になっていることが多い。逆に、日本の都市で城塞都市になっているものはない。
- ● **要塞**：軍事機能のみの城で、軍の駐屯地と防衛機能のみがある。隣国との境界など、辺境ではあるが軍を置きたいというような交通の要所に置かれることが多い。万里の長城は、この要塞を横に長く延ばしたもの。要塞が発展して、後世に城塞都市となる場合もある。

　日本で城塞都市が発達しなかったのは、日本では都市の略奪が（無かったとはいいませんが）少なかったからです。同じ民族同士であり、攻略した後は自分の領地とすることを考えているため、過度の略奪は損だったからです。このため、都市の住民は、自分たちを守る城壁を必要と感じませんでした。逆に、中国やヨーロッパで城塞都市が発達したのは、攻略された都市での略奪が多かったからです。

攻城戦の目的

　攻城戦とは、城を攻め落とす戦いです。現在では、砲やミサイルの発達によって、城壁に意味はなくなってしまったので、攻城戦は行われなくなりました。しかし、古代から近世にかけては、城を落とすことは非常に重要でした。

　攻城戦は、防御側は城で守られていますが、攻撃側は城を攻略しなければならないので、攻撃側が非常に不利な戦いです。このため、最低でも防御側の3倍の兵力がなければ攻城戦は成功しないといいます。

　城を落とすことで、次のようなものを得られます。

- **地域支配**：城塞もしくは城塞都市は、それを中心とする地域の支配のシンボル。城を支配するものが、その周辺地域も支配すると多くの住民は考える。このため、領土を奪うためには、城を落とさなければならない。

- **交通要衝**：城は、川の合流点や良港、峠など、交通の要衝にあることが多い。そこを得ると、その地域の人の流れを支配できる。また、自国からの補給も楽になり、そこから軍を発して新たな土地を攻めやすい。

- **軍事拠点**：大規模な軍隊が駐留するためには、それなりの大きさの城が必要。軍が進発する拠点としての城を失えば、軍は野営するしかなくなり休養しにくい。この状態で長期間その地に留まり続けることは難しい。もちろん、士気も落ちる。

- **金品**：城塞都市は人口も多く金品も集まっている。そこを略奪すれば財政的に大いに潤う。また、傭兵に略奪を許せば、彼らの士気が高まり忠誠も高まる。ただし、その後、その城塞都市を支配するつもりなら、略奪は避けたほうがよい。なぜなら、住民の反感を買うし、ぼろぼろになった都市からはたいした税も得られない。略奪で得られる金品よりも、復興にかかる経費のほうが遙かに大きいのは明白である。

- **領主・王**：戦争は、領主や王が捕えられると終了することが多い。そして、不利になった領主は、城で最後の防衛線を引く。つまり、攻城戦によって領主を確保することが、戦争を勝利で終わらせる確実な方法となる。この場合、領主の脱出に気を配る必要がある。それこそ抜け穴から逃げられて別の城で再起されたら、攻城戦が無駄になる。

　戦争の目的は、征服、支配、金銭などであり、攻城戦に勝利すれば、それらが得られます。このような理由で、最終決戦は攻城戦となる可能性が高いのです。

第6章 091 Seige

攻城戦(攻撃手法)
Seige

- ✚ 櫓
- ✚ 包囲
- ✚ 工事

短期攻城戦

　攻城戦の手法は、**短期戦**と**長期戦**に分けられます。

　短期戦では、一気に城壁を越えて敵城内に攻め込んだり、何らかの方法でプレッシャーをかけることによって、できるだけ早く敵が降伏することを目指します。敵を攻撃する手法は、大きく分けて5種類あります。

- ◉ **直接攻撃**：攻城櫓、はしごなどを使って、直接城に入り込む攻撃。破城槌などで城門を破って経路を作ることや、侵入する兵を敵から見えなくするために煙幕などを焚くこともある。
- ◉ **遠距離攻撃**：大砲、投石器などによって、遠距離から城を攻撃し、その防衛設備もしくは防衛兵力を破壊する。
- ◉ **挑発**：防御側の人間、特に司令官や領主などを誹謗中傷して怒らせることで、城外での戦闘を強要する。挑発側の口がよほどうまいか、防御側の人間がよほど頭に血が上りやすいタイプでないと成功しない。
- ◉ **詐術**：トロイの木馬、抜け穴の逆走、難民や商人に扮した戦争前からの味方の潜入などによって、敵城内に味方を送り込み、破壊工作などによって城を攻撃する。時には、領主や司令官を人質に取ることもある。

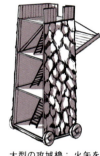

大型の攻城櫓：火矢を防ぐために、外側に濡らした生皮(剥いだばかりでまだ湿っている皮)を張ってある。渡し板で、敵の城壁の上に直接兵士が乗り込めるようになっている。攻城櫓の高さは、敵城の城壁の高さによって、変化する。

車つきの破城槌：杭をぶら下げて振り子のようにして勢いをつけるもの。勢いがついたところで、車ごと前にずらして杭が振り子の一番下(最も速度と運動エネルギーがあるところ)で城門にぶつかるようにする。濡らした生皮を張って、火矢を防いでいるのは攻城櫓と同じ。巨大な杭を多人数で抱えて突撃するよりは、効果が期待できた。

● **交渉**：ここまでの4種類の攻撃手法で、抵抗は無意味だと理解させることによって敵を降伏させるために交渉を行う。

　もちろん、これらの攻撃は個別に行うのではなく、平行して行います。例えば、遠距離攻撃で敵兵を減らすことで、兵の侵入による直接攻撃を容易にします。さらに、遠距離攻撃や侵入によって敵の防衛力を減らすことができれば、交渉で降伏させられる可能性があがります。

長期攻城戦

　長期戦には、包囲戦と土木工事戦があります。

● **包囲戦**：城を包囲して補給を途絶えさせることで防御側を孤立させて、援軍からの連絡を得られなくする。こうすると時間が経つにつれて兵は自分たちが見捨てられたのではないかと疑心暗鬼になり、また食糧不足に陥るので士気が下がる。そうして弱体化させてから短期戦に持ち込む。逆にいうと、補給と連絡を断てない場合は、包囲してもあまり効果がない。例えば、物資の航空投下と無線による連絡がある近代戦では、包囲の効果が少ない。もちろん、航空投下による物資は少量なので、長くなれば補給不足による敗北はあり得る。

● **土木工事戦**：「塹壕などによる城壁への接近」「城壁地下の掘削による城壁破壊」「川の流れを変えることによる水攻め」「井戸の地下水を止めることによる給水封鎖」など、時間のかかる土木工事によって、城の防衛力や継戦力を失わせる戦法。防御側は工事阻止のために城外に出兵するが、こうすると野戦になるので防御側の利点が失われる。

　もちろん、2つの戦法は平行して行います。土木工事戦によって防衛力を破壊するにしても、包囲しているほうが防御側の資材補充を封じられるので有利です。

　長期戦でも、城内兵力を少しでも減らし、また士気を落とすために、味方兵力を損耗しない範囲で攻撃します。死んだ馬を投石機で投げ込んで疫病の発生を狙ったり、食料庫に火矢を打ち込んで食糧難を生じさせるなど、長期戦ならではの攻撃もあります。

　このような戦いを続けつつ、弱体化したところで説得して開城させることを目指します。長期戦の場合は、最終的に交渉でまとまることが多いですが、交渉がまとまったときには城側のほとんどが飢え死にしかけていたという秀吉の鳥取城飢え殺しのような戦いもあります。

第6章 092 Naval Battle in the Ancient Age

古代の海戦
Naval Battle in the Ancient Age

- 海洋支配
- ガレー船
- 衝角

海戦とその目的

海軍(川や湖などの淡水海軍も含む)の目的は、次の2つです。

- **領海維持**：自国の領海を維持し、敵国に入り込ませない。漁場や、（現代の問題だが）海底資源確保なども領海を維持する理由の一つ。
- **海路確保**：海路には、通商路(商船が行き来する)と、進軍路(海軍艦船や陸軍の輸送船が行き来する)の両方があり、これらを敵海軍から守る。

この2つの目的を達成するために、敵海軍を殲滅するのです。

海軍は育成に時間がかかります。軍艦の建造には多くの費用とノウハウが必要で、海軍軍人を1人前にするには多くの技術を教え込む必要があります。にもかかわらず、艦の沈没で兵ごと技術が失われます。一度壊滅した海軍の復活は非常に困難です。その意味では、海軍とは使いづらい軍隊です。

しかし、国を大きくするために、海洋の支配権を得るためには海軍が必要となります。

ガレー船時代の戦術

ファンタジーにおいても、陸戦と海戦は同時代の兵を使うほうが妥当です。

紀元前の軍船は、多数の人間で櫂を漕ぐ**ガレー船**です。風が弱く不安定な地中海(当時の先進地域)では、帆船は凪で動けないリスクが高すぎます。帆の併用もありましたが、戦う前には陸に寄って帆とマストを下ろしたのです(火矢で帆を燃やされると、すぐに船火事になる)。当時の船は陸沿いを進んだので、陸に寄るのは簡単でした。

1. **遠距離戦**：弓、投げ槍、カタパルト（船に設置する大型のクロスボウ）などによって、遠距離で戦う。
2. **衝角戦**：敵船を沈めるために、船の先端水面下にある衝角（ラム）を敵船にぶつけあった。衝角が発明される前は、敵の船を沈めることができず、移乗戦が主流だった。
3. **移乗戦**：敵の船に乗り込んで行う白兵戦。「移乗戦」094 も参照。

　遠距離戦で最も危険な火矢の対策として、船全体に水をかけました。

　衝角戦では、敵船に衝角をぶつけるために、船の速度と小回りが重要です。しかし、この2つは両立しません。速度を速くするには、漕ぎ手と櫂を増やす必要がありますが、そうすると船の全長が長くなります。そして、長い船は小回りが利きません。

　そこで作られたのが、二段櫂船（紀元前8世紀に登場）や三段櫂船（紀元前5世紀に登場）です。漕ぎ手と櫂の配置を二階建て三階建てにすることで、多くの漕ぎ手を搭乗させながら、船の全長を短くすることに成功しました❶。こうして、速度と小回りを両立させ、ガレー船が海戦に使いやすく進化したのです。

初期の三段櫂船は、右のように漕ぎ手を垂直に座らせたが、これでは船の全高が高くなり安定性が悪くなる。このため、左のように漕ぎ手を互い違いに座らせる三段櫂船が作られた。

　当時の三段櫂船を復元したオリュムピアス号を例に取ると、全長36.9m、船幅5.5mで、帆走のためのマストも2本あります（戦闘時には陸に置いておきます）。戦闘速度は170名の漕ぎ手で9ノット（時速17km）以上出せます（乗員は漕ぎ手も含めて200名）。旋回も、1分間で180度旋回でき、旋回半径も50m以下でした。巡航速度は、漕ぎ手を半数ずつ休憩させることで、何時間でも4ノットで航行できました。200kgもある巨大なカタパルト（クロスボウ）を備え、遠距離攻撃もできましたが、動く敵船への命中率は高くありませんでした。最終的には、衝角をぶつけることで海戦は決まります。

　移乗戦では、敵船に直接飛び移ったりロープを敵船に投げつけたりして乗り込みますが、熟練の船乗りでないと困難です。そこで、紀元前3世紀（この時代には五段櫂船まで作られていた）のローマが、海洋国家カルタゴと戦うために作った装備が**コルウス**です❷。鉄鉤のついた渡し板で、これを敵船に渡し、地上と同じようにローマ陸軍の力でカルタゴ海軍に勝とうとしたものです。

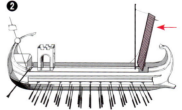

右の甲板上にあるのがコルウス。敵船のいるほうに向けて、下ろすと、鉤でしっかり引っかかって、即席の橋となる。

第6章 093 Naval Battle in the Middle Age

中世の海戦
Naval Battle in the Middle Age

✚ 帆船
✚ ヴァイキング
✚ ギリシアの火

移乗戦の復活

　中世の海戦は、当時の陸戦と同様に、古代や近世に比べると少人数です。そして、「古代の海戦」092 にあった衝角戦は減少します。理由は2つありますが、どちらも中世ヨーロッパの経済力の衰えが原因です。

● **帆走軍船の増加**：中世の経済力では大量の漕ぎ手を確保するのが難しく、帆走軍船が増加した。帆走軍船はガレー船のような細かいターンができないので衝角戦は困難。

● **船舶の貴重化**：貧しい中世では、船が貴重なものになった。このため、単に沈めてしまうのは惜しいので、船を奪い合う戦いが主流になった。

　このような理由から、海戦は再び「移乗戦」094 が主流となります。衝角は水面上にあって、衝突することで敵船を固定し、移乗戦をやりやすくするための道具になります。

　海から城壁を攻撃することもありました。陸続きの土地に立つ城壁よりも、海岸線に立つ城壁は、脆弱で高さも低いことが多いからです。城壁の外に攻城櫓や塹壕を設置する地面がないので、それほど防御を固める必要がなかったからです。けれども人間は工夫します。船を2隻並べて、**攻城櫓船**や**破城槌船**などが作られました❶。

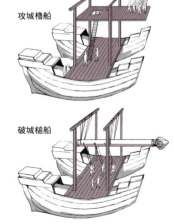

いずれも高くしても安定するように、船を2隻並べた上に設置してある。

ヴァイキング

中世の海賊として、**ヴァイキング**が有名です。ヴァイキングは**ロングシップ**という船❷を使っていましたが、この船は軍船としては必ずしも優秀とはいえません。ロングシップは、櫂（かい）と帆を併用する、喫水の浅い（水面下の部分が少ない）輸送船なのです。船そのもので戦うことを考えていません。

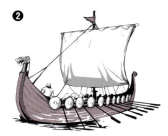

バイキングのロングシップ

ロングシップは、最大でも30mほどしかありませんし、衝角もついていません。乗員も最大の船で100人ほどです（通常は50人ほど）。地中海でガレー船と戦ったら勝てないでしょう。その代わり、風を受ければ、ロングシップは20ノット近くだせます。つまり、風のある大西洋沿岸部ではロングシップが有利で、風の少ない地中海ではガレー船が有利です。

さらに、ガレー船で川を遡上することはできませんが、ロングシップなら可能です。大西洋沿岸および大きな川沿いの町を襲撃し（つまり戦うのは陸上）、略奪品を持って帰るという用途にぴったりの船がロングシップだったのです。

3世紀以降になると、地中海に大規模な艦隊を持つ勢力がなくなったので、ヴァイキングは地中海にも進出します。

8世紀のフランク王国は、ヴァイキングの被害を防ぐために艦隊を建造したため、ヴァイキングはそこを避けて、イングランドやアイルランドを狙いました。イングランドも10世紀には常設艦隊を編制し、ヴァイキングに対抗できるようになりました。

✦ Columu ✦ ギリシアの火

中世の時代の海戦で最強の兵器とされたのが**ギリシアの火**です。東ローマ帝国の国家機密として守られ、その崩壊と共に製法が失われてしまったために、かえって物凄い秘密兵器であると思われています。実際には、加熱したナフサ（原油の成分の一種）が主成分の燃焼液を噴射する火炎放射器だったと考えられています。

当時の技術レベルからして、炎が10m以上伸びる現代の火炎放射器は製造が困難です。ギリシアの火の噴射距離は、せいぜい数m程度だったと考えられており、敵船を燃やすほどの効果はありませんでした。それでも、敵兵を燃やすには十分な火力がありましたし、海上で炎を吹き出せばそれだけで敵兵の士気を挫くことができました。さらに、海面に落ちた液が海上で燃え続ける光景は恐ろしいものでした。木造船に帆を張っていた時代、火こそが、船乗りの最も恐れるものだったからです。

第6章 094 Boarding
移乗戦
Boarding

- 拿捕
- 私掠
- 収入源

儲かる移乗戦

　海戦には、衝角戦、遠距離戦、移乗戦の3つがありますが、他の2つが敵船を沈めることを目的としているのに対し、移乗戦は敵船の拿捕を目的とするという点で大きく異なります。拿捕した後は、**鹵獲船**を自軍に編入して使用することもでき(船自体が大変高価)、また商船なら搭載された貨物も奪うことができます。鹵獲船の乗組員や船客を奴隷として売り飛ばすことさえ可能でした。もちろん、不要なら放火して沈めてしまうこともできます。

　海賊や**私掠船**(国家の私掠免許を受けて、敵国の船に対してのみ海賊を行う船で、自国では合法だが、敵国に捕まれば海賊として処刑される)は、敵船を沈めても金にならないので、砲戦などで脅すことはあっても最終的には移乗戦をします。

　正規軍艦による**通商破壊戦**でも、余裕があれば、拿捕した船を自国まで回送します。実際、こうやって拿捕した船や貨物は、船員へのボーナスに化けます(もちろん船長の分け前が一番多いのですが、船員でも結構な儲けになります)。このため、移乗戦は、死傷するリスクが高いにもかかわらず、船員の士気が高くなる戦いです。

移乗戦の手順と戦術

　遠距離戦から移乗戦の決着までは、次のような順序で推移します。それぞれのタイミングで、必要な戦術があります。

1. **遠距離戦**：可能ならば遠距離から砲撃や射撃、弓などによって敵の兵員を減らす。死ななくても、負傷して戦力を落とすだけでも構わない。また、砲弾などで帆を破って逃げ足を止める。ただし当時の大砲の精度は低く、500m以内まで近づかなければ当たらなかった。

2. **風上の優位**：遠距離戦を行いながら、風上を取る。なぜなら、帆船は風上から風下への移動は簡単だが、風下から風上への移動は困難だからである。風上にいる帆船は、好きなときに風下の敵船に接舷戦闘を挑める。自軍に最も都合のよいタイミングで、自分に都合のよい方向から接舷できる。ガレー船は風が無くても動けるので、凪のときは有利。動力船ならば風を無視して動けるのでさらに有利といえる。

3. **接舷**：接舷して、自船を敵船に固定する。固定する手段には、「水面より高い位置にある衝角（穴が開いても沈まない）をぶつける」「鉤つき網で引っかける」「コルウスなどで橋をかける」がある。

4. **乗り込み**：「固定された衝角を橋代わりに渡る」「コルウスを渡る」「飛び移る」「網のロープの上を移動する」といった手段で敵船に乗り込む。甲板の高さが低い船は、鉤つきロープを引っかけるなどして登るしかなく、その際には無防備な状態で攻撃を受けることになる。甲板の高いガレオン船は、飛び降りるだけで敵船に移動できるので有利といえる。

衝突した衝角を渡って移乗攻撃をしかけている。それに敵船が対応している隙に、敵船の舷側に鉤つきロープを引っかけて登っている。

5. **戦闘**：鎧を着て水に落ちると確実に沈む。そして、乗り込みの際が、最も水に落ちやすい。また、中世も終わりころになると銃が存在するので薄い鎧は効果がない。このため、船乗りはほとんど鎧は着用しない。鎧を着ていない敵を斬るためには直剣より曲刀のほうが向いていて、船の中は狭いのであまり大きな武器はかえって不利になることから、海賊の武器は**カトラス**（全長60cmほどの曲刀）になっている。他にも、小型のサーベルや脇差（打刀では大きすぎる）は、移乗戦向きの武器といえる。また、盾がほとんど使われないのも、揺れる船の上では何かにつかまったりしなければならないことも多く、片手を空けておいたほうが便利だからである。

6. **占領**：占領後はまず捕虜から武器を奪って、船底あたりに全員を閉じ込める。鹵獲船を回航する場合、回航要員は味方の船から派遣するが、船を運航する最小限の人数の若手しかいない。捕虜とした船員より人数が少なく油断すると奪還される恐れがあるので、反乱を起こされないようにする必要がある。

第6章 095 Naval Battle in Early Modern Period
近世の海戦

Naval Battle in Early Modern Period

✚ 大砲
✚ 遠洋航海
✚ 帆船

火砲の発達

　近世になると、ヨーロッパの船は、これまでの地中海と大西洋沿岸部にとどまらず、大西洋からインド洋まで、広い大洋を航行するようになります。さらに、大砲が発達して大量生産が可能になり、船に重い大砲を何門も搭載するようになります。このような理由から、頑丈な大型船が求められるようになりました。そして、その頂点ともいえる**ガレアス船**と**ガレオン船**が開発されます。

船種	ガレアス船	ガレオン船
基本形式	帆併用の大型ガレー船	大型帆船
砲門	前方に10数門、左右に数門	左右に10～100門（大きさで決まる）
図		

　また、大砲の発達により、再び遠距離戦が海戦の主流となります。もちろん、海戦戦術も大幅に変化しました。大砲を数多く積めるが風がないと動けないガレオン船と、少数の大砲しか積めないがいつでも動けるガレアス船が、優劣を争っていました。
　ガレオン船は、舷側（船の側面）に大砲を数多く並べられるため、横に射界があります。このため、ガレオン船部隊は❶のように縦陣を組み、敵に舷側を見せて砲撃を行います。

ガレアス船は、舷側に漕ぎ手とオールが配置されるので、大砲は主に船の先端に積みます。射界が前になるため、ガレアス船部隊は❷のように横陣を組み敵に突進しながら射撃を行います。

このように、両者は射撃を行うための艦隊運動すらまったく別物です。この2種類の優劣争いは、最終的には、次のような理由でガレオン船が勝利します。

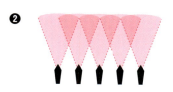

- **砲架の発明**：砲架が開発されたことで、大砲の前後移動が楽になり、次弾の装填が素早くできるようになった。時間当たり火力が増大し、多くの砲門を積めるガレオン船が有利になった。
- **帆の発達**：わずかな風でも向きを変えるくらいの微速前進は可能になった。

けれども、海戦が常にガレオン船の勝利になったわけではありません。凪のときに砲の死角から近づいてくるガレアス船に沈められるガレオン船も数多くあったのです。

艦艇同士の連絡手段

多数の艦艇が共同して戦うとき、その間の連絡手段は常に悩みのタネでした。初期は大声で合図をするといった原始的な方法しかなく、聞こえなかった各艦長が勝手に行動して全体が混乱することが普通にありました。時代ごとに次のような方法が発明され、これらによって艦隊運動が統一意志のもとで動かせるようになりました。

- **手旗信号**：18世紀末に作られた連絡方法。両手に旗を持ち、特定のポーズで保持することで、文字などを表現する。基本的に一対一の昼間の通信用。
- **国際信号旗**：1530年に、1人の提督がマストに様々な旗を掲げることで、信号とし始めた。1653年には英国海軍でそれを公式なものとした。それを整理し、明確な意味を持たせたのが、19世紀に定められた国際信号旗。昼間用だが、旗艦が掲げることで他の艦すべてに一度に連絡できる。
- **回光通信**：19世紀に作られた連絡方法で、光の明滅によって信号を送る。太陽光を利用するヘリオグラフと、人工光源を利用するシグナルランプがある。シグナルランプは、夜間でも信号が送れる利点がある。基本的に一対一の通信用。

━━ ✦ Columu ✦ ━━ 将軍・軍師・参謀

　将軍は、大きな軍隊の指揮官のことで、元々は古代中国で軍を将いる役職として使われました。ヨーロッパの軍について様々な翻訳が行われたときに、ヨーロッパの軍の指揮官も将軍と訳されるようになったのです。一般には、"General"のことを将軍と訳しています。

　中世の軍指揮官に必要とされた能力は、次の3つです。

1. 武器を使って戦う能力
2. 部隊を正しく指揮する能力
3. 配下に命令を遵守させる能力

　この3つの能力を兼ね揃えた人間が少ないのは当然です。そこで、3つの機能のうち、一部でも分担しようという考えが生まれました。1は指揮官に護衛をつけるという方法で解決します。3は人格の問題なので、本人の能力に期待するしかありません。そして、2の部分を担当させるために考え出された役職が**軍師**です。

　軍師は、将軍や王に仕えて戦争のための助言を行う役職で、軍師自体は指揮権を持っていません。実は、軍師という役職は東アジア特有のものです。ヨーロッパには軍師は存在しないので、軍の行動は軍の指揮官だけが決めます。武器の扱いや、配下を従わせる威厳がなく頭だけがよい人間には、活躍の場は無かったのです。

　この問題をヨーロッパが解決したのは、19世紀のプロイセン参謀本部の成立以降に**参謀**という役職ができてからです。初期にはいつ廃止されてもおかしくない軽視された役職でしたが、1858年に大モルトケが参謀総長になり、優秀な参謀将校を育てて普墺戦争に勝利することで、価値が認められて他国でも採用されるようになりました。

　参謀は、指揮官の司令部幕僚として指揮官を補助します。このため、指揮官へ進言する権利を持っていますが、直接部隊を指揮する権利は持っていません（指揮官が、一時的に指揮権を委譲した場合は可能になる）。あくまでも、部隊への命令は指揮官が出します。

　初期の役割は作戦面の補助のみでしたが、司令部の事務処理が増えるにつれて拡大しました。現在では、作戦参謀の他に情報参謀・補給参謀など任務ごとに分かれて、それぞれの面で指揮官を補助しています。

第7章

Strategy and Politics

戦略と政略

戦争そのものをどう実行するかの策略が戦略、開戦するかどうかまでを含んだ一国の政治の策略が政略です。本章では戦略と政略の基本概念について紹介します。国の運命をも決める戦略と政略は、国家の指導者が作成すべき戦争の計画です。これがうまく行かないと、配下がどんなに頑張っても最終的勝利は得られません。主人公が王となったときに使うべき策が、この章の内容です。

ゲームシナリオのための

戦闘・戦略事典

第7章 096 Benefit of War
戦争利益
Benefit of War

- 総力戦
- 賠償金
- 身代金

軍人は戦争を望まない

　戦争を引き起こすのは誰でしょうか。それがわからなければ、物語の中で、戦争を起こすことができません。

　戦争についての最大の誤解は、「軍人が戦争を起こす」という考えです。ちょっと考えれば明らかですが、ほとんどの軍人は戦争したくありません。なぜなら、戦争をすると一番に死傷するのは自分たちだからです。偉い軍人は戦場に出ませんが、彼らは戦争のない時期に昇進したのです。いまさら、戦争などで失敗して地位を棒に振りたくありません。彼らも、事なかれ主義の役人なのです。

　20世紀以降の戦争は、損にしかなりません。火力が高いため、軍の受ける被害が大きすぎ、総力戦ともなると国家経済の受けるダメージは計り知れないからです。

　このため、現代では、どんな国の政治家でも（それこそ軍国主義国家の独裁者でも）、戦争は避けようとします。これは、政治家が倫理的に優れているからではありません。単純に、損だからです。時折、計算を間違えて大損する政治家もいるのですが。

　現代の戦争は、放置しておいたらより大きな損（よほどの大損）が発生するときのみ、やむを得ず行う必要悪でしかありません。軍は、できるだけ使わず、戦力を見せて敵国を萎縮させるための見せ札です。

儲かる戦争

　中世の戦争が現代の戦争と大きく異なる点は、勝てば儲かるというところです。つ

まり、勝ち目があるなら戦争はよい手段なのです。勝ったほうは表のような利益を得られます。

利益	説明
領地	占領した土地は自分の領地にできる。
植民地	遠隔地の国を下した場合、植民地として支配することもできる。
賠償金	敵から賠償金（名目は色々）を取れる。
身代金	捕虜にした地位の高い者から身代金が取れる。
奴隷	捕虜にした身分の低い者は奴隷にして販売できる。
略奪	都市などを攻めた場合、占領後に略奪できる。

　逆に負けると、このようなマイナスがあるので、勝ち目がないときは戦うべきではありません。第二次ポエニ戦争に敗北したカルタゴは、毎年200タレント（1タレントは普通の人の収入10年分）もの賠償金をローマに払っていました。16世紀の盗賊騎士であった鉄腕ゲッツは、何人かの騎士の身代金として8,000グルデン（5億円くらい）取っています。

　中世で戦争を始めるのは、領主もしくは王です。なぜなら表の利益は、ほとんどが領主・王が手に入れられるものだからです。身代金は捕虜を捕らえた人間が、略奪による利益は兵士が得ます。それでも、利益の大きい領地・植民地・賠償金は、戦争を主導した（領地間の争いなら）領主か（国家間の戦いなら）王のものです。

　王が、戦争を望んだとしても、即座に戦争ができるわけではありません。中世国家は封建制ですから、国家の中にいくつもの封建領主が存在します。彼らは、国の中の小さな国家のようなもので、独自の軍を持っています。国軍といっても、王の命令を聞くのは王の直轄地の軍だけで、領主軍は領主の命令が優先です。

　このため、領主たち（少なくとも過半数）も戦争を望まなければ、十分な兵力を用意できません。彼らにも利益があると思わせなければならないのです。

　領主は領主で、配下の小領主や騎士たちの意向を聞かねばならず、彼らにも利益を約束することになります。

　また傭兵は傭兵で、金銭の支払いと略奪の許可を求めて、戦争に参加します。

　結局、戦争は利益のために行われるもので、当時の戦争は実際に勝てば利益が得られたのです。ここが現代の戦争と大いに違うところなので、間違えてはなりません。

政戦略と戦術
Strategy and Tactics

- ✚ 政治的勝利
- ✚ 戦略的勝利
- ✚ 戦術的勝利

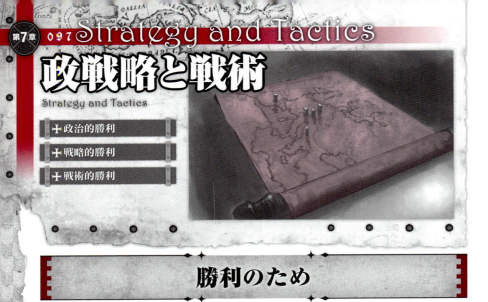

勝利のため

　戦いは、その規模で政略、戦略、戦術に区別できます。また政略と戦略を合わせて、政戦略ということもあります。

✠ 政略

　一番大きなレベルでの策が政略です。国家の目的を達成するため、政治的に行うことを政略といいます。

　政略レベルでは、外交・内政など、国家の決断すべてが対象です。戦争すら政略の一手段にすぎません。どこの国と同盟条約を結ぶのか、どこの国に冷淡に対応するのか。敵対国があるとして、そこと戦争をするのか、それとも外交的締めつけに留めるのか。そういった戦争になる以前の国家としての政治レベルの選択を行うものです。

　戦争になったとしても、戦争の勝利条件（何が満たされたら満足して戦争を止めるのか）、敗北条件（どこまでやられたら負けを認めるのか）、譲歩の最大限（敵との交渉で譲ってもよいのはどこまでか）といった、戦争を終わらせる条件を決めるのも政略のうちです。

✠ 戦略

　戦略は、戦争そのものの計画をたてることです。最終的に、自国を勝利させるための策を考え、実行することを戦略といいます。最終的に勝利するのが目的ですから、個々の戦いの勝敗には拘泥しません。それどころか、戦略のためにわざと負けることすらありえます。

戦術

　戦術は戦闘に勝つための策のことです。部隊の配置や陣形、奇襲や伏兵といった策略、およびその実行をいいます。戦争においては、戦略的勝利が重要ですが、多くの場合は戦術的勝利を積み重ねて戦略的勝利を目指します。ただ、戦術的勝利によって戦略的敗北を覆すことは、99％以上不可能です。ですから、優先すべきは戦略的勝利、次いで戦術的勝利の順です。

戦略と戦術の齟齬

　戦術的勝利が戦略的勝利に結びつかない場合もあります。

- 🌹 **無駄な勝利**：戦略的勝利のために絶対に力を入れるべき戦いがあると、そのために力を抜かなければいけない戦いが出てくる。力を抜いても勝てれば構わないが、抜いた部分での勝利を諦めるのも必要なこと。戦術的勝利のおかげで、戦略的勝利を失うとは、このような場合をいう。

　ポエニ戦争（カルタゴとローマの戦い）のときにあった、カルタゴの将軍ハンニバルの勝利（「ファビウス戦略」098）が、戦術的勝利が戦略的勝利に結びつかない一例。ハンニバルが都市を占領しても、ハンニバルが次の都市を攻略に行けば、後からきたローマ軍に再占領される。ハンニバルの勝利は、ローマを負かす役に立たず、本来守らなければならない策源地のスペインや本国のカルタゴをローマに攻撃されて、最終的には本国から攻撃中止の命令がきた。

- 🌹 **勝利しすぎ**：戦術的勝利を重ね続けて敵地の占領を繰り返すと補給線が長くなる。長くなればなるほど兵站負荷が重くなって、戦略的に敗北してしまう場合もある。無限に進軍を続ければよいというものではない。

　70万人もの兵を率いる無敵のナポレオンは、ロシアのバルクライ将軍とクトゥーゾフ将軍を負かしつつ、広大なロシアの大地をひたすら進軍した（「焦土作戦」099）。しかし、それでもロシアは敗北を認めず、9月14日に首都モスクワを占領されても、モスクワを焼き払いさらに後退した。ナポレオンは和議を提案するが無視され、10月19日にモスクワを撤退しはじめる。そして、そんなフランス軍を、ロシア最強の将軍といわれる冬将軍（ロシアの猛烈な寒さのこと）が襲う。
　ろくな耐寒装備を持たなかったフランス軍は、餓えと寒さに倒れ、帰国できたのは2万人ほどにすぎなかった。フランス大陸軍の屋台骨はへし折られた。

Fabian Strategy
ファビウス戦略

Fabian Strategy

- 持久戦
- ローマの盾
- 国民

ローマ最大の危機

　持久戦とは、自軍の戦力維持を優先し、決戦を避け、時間をかけて敵の弱体化、自軍の強化を目指す戦略です。持久戦は、成果が見えにくいため、民衆の人気がありません。そのため、持久戦に勝利するには、忍耐強く勝利を待ち続けられる政治家と国民が必要です。しかし、最盛期の共和制ローマですら、それは困難なことでした。

　紀元前219年のローマは、開国以来の危機にありました。第二次ポエニ戦争で、カルタゴの名将ハンニバル・バルカに負け続けていたからです。トレビア、トラシメヌス湖畔で、合わせて5万近い兵が死傷するという大敗北でした。

　ローマは、この危機にクィントゥス・ファビウス・マクシムスを独裁官に選出します。彼は、ハンニバルに会戦で勝つのが不可能であることを認め、その上でローマが負けない方法を考えました。それが**ファビウス戦略**（フェビアン戦略ともいう）です。

　ハンニバル軍は恐ろしいほど強かったのですが、たった一つ、兵站の問題を抱えていました。本拠地スペインから遠く離れたイタリアに遠征し、また本国カルタゴもいまいち協力的ではないハンニバルは、補給を略奪に頼っていたのです。

　ファビウスは、ハンニバルの進軍先を焦土化し、ハンニバルの移動後に奪還するという、消極的な戦略を取ります。これは非常に不評で、ファビウスは**クンクタートル**（のろま）と呼ばれます。しかし、この時間稼ぎで8万の歩兵と8千の騎兵を揃えられました。

　ファビウスの任期後、次の執政官ウァッロはハンニバルとの戦いを求めました。ハンニバルもウァッロの性急さを知って待ち構えていたのです。そして、戦史における芸術とも呼ばれるカンナエの戦い（「包囲殲滅戦」 080 ）が発生します。5万のハンニバル軍と戦った7万のローマ軍は、全滅（軍事用語の全滅ではなく、文字通りの全滅）します。1万人が捕虜になりましたが、それ以外のほとんどが死傷しました。

勝てないが負けない戦略

　ここに至って、ようやくローマもファビウスの正しさを知りました。クンクタートルは「慎重」の意味で使われるようになります。そして、次の方針を実行します。

- **ハンニバルとは戦わない**：ハンニバルと戦うと負けるので戦わない。ハンニバル軍が近づいてきたら後退する。

- **ハンニバル以外とは戦う**：ハンニバル以外の将に率いられた敵とは積極的に戦う。ハンニバル軍が強いのは、ハンニバルに率いられているからで、それ以外の将なら、規律正しく訓練されたローマ軍のほうが強い。

- **ハンニバルに補給を与えない**：ハンニバル軍が進軍すると見られる土地から、物資を引き上げて人も避難させてしまう。置いておくのは都市の守備隊だけ。幸い、ハンニバル軍は攻城戦武器をあまり持っていなかったので、占領に時間がかかった。

- **ハンニバルが出て行ったら取り返す**：ハンニバルが新たな占領地を求めて出て行ったら、その土地に進軍して取り返す。

- **敵の本拠を攻撃する**：ハンニバルの策源地であるスペイン、本国であるカルタゴを余裕ができしだい攻撃する。イタリアで攻撃しているハンニバルは本拠を守れないし、守ろうにも2箇所同時に守ることはできない。

　ローマは、ハンニバルと総力戦を行うことを決意したのです。しかし、対するカルタゴはどうだったでしょうか。ハンニバルは、ローマを滅ぼさない限りカルタゴに明日はないことを充分認識していました。しかし、カルタゴ本国は、まったくそんなつもりはありませんでした。傭兵を利用してちょっと戦い、有利になったら譲歩を求めて講和するつもりでした。

　これはカルタゴが悪いというわけではありません。カルタゴの考えは、当時の地中海世界の常識でした。国民皆兵で総力戦を行おうとしたローマが異常なのです。

　ローマは、この数十年前にも同じことをしています。タレントゥムの傭兵将軍ピュロスはローマと戦って常勝でしたが、ローマは講和に応じません。敗れるたびに新兵を送り出すローマに対し、彼は「もう一度ローマに勝利したら、我々は壊滅するだろう」といいました。この故事から、割に合わない勝利、戦略的に意味のない勝利を、**ピュロスの勝利**といいます。

　同様の戦略は、第二次世界大戦で砂漠のキツネと呼ばれたエルウィン・ロンメルと戦ったイギリス軍が使用しています。天才戦術家ロンメルに対し、防御と補給遮断によって戦い、ついに打破します。

第7章 099 Scorched Earth

焦土作戦

Scorched Earth

+ 補給
+ 自己犠牲
+ 防衛

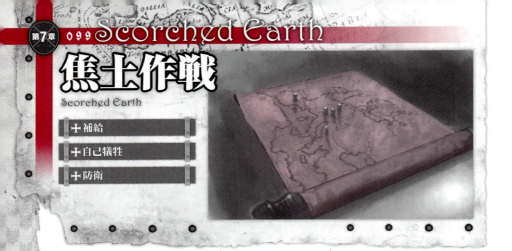

肉を切らせて骨を断つ

　焦土作戦は、敵に攻め込まれた防御側の取るべき戦略です。ただし、自国民にも苦痛を強いる戦略で、その実行は苦渋の決断となるはずです。

　敵国に侵略する攻撃軍は、敵国の国土および国民がもつ、次のような財産を利用しようとします。

- **食料・水**：食料の現地調達は、近世までの軍の常識だった。食料を輸送するようになった現代でも、水は現地で手に入れるのが普通。
- **都市・建物**：兵士が休憩・宿泊するために、すでにある建物を利用する。その他にも、倉庫に軍需物資を保管したり、教会を自軍兵士用に使ったり、商店の品物を購入したりと、都市の様々な施設を有効利用する。
- **森林**：森林は、薪や木材を採取できると同時に、多少の食料も採取可能。
- **人材**：占領地の人間を利用する。兵士のための炊事・掃除・洗濯といった家事を行わせたり、輸送の手伝い、塹壕掘りの人夫など、戦闘に直接関係はない仕事を行わせれば、それだけ兵士は戦闘に集中できる。
- **燃料**：寒冷地では、兵に暖を与える薪も現地の森から切り出したり、木造建造物を解体して入手する。本当の寒冷地では、水が凍るため、燃料がなければ水を飲むことすらできない。現代に近くなると、車両用の燃料が必要になるが、通常足りなくなるので、現地のガソリンスタンドなどで手に入れることもある。
- **輸送**：敵国では、敵国の道路を利用して進軍する。荷馬車などが故障すると、現地にあるものを代わりに手に入れる。現代に近くなれば、敵国にある線路を利用して、物資の輸送を行う。

これらが利用できなければ、敵の進軍はそれだけ滞るわけです。例えば、進軍した先に食料がまったく無かったら、敵軍は食糧不足で飢えます。まして、井戸に毒などを放り込んであったなら、水すら飲むことができず、飢えと渇きであっという間に崩壊するでしょう。道路が掘り起こされ、峠道が崩され、トンネルが埋められていたら、それだけで敵軍の進軍速度は半分以下に落ちます。

逆に、下手に物資を残しておくと、敵軍に利用されてしまいます。例えば、第二次世界大戦で、ドイツ軍はフランス侵攻のときに、戦車部隊の進軍が速すぎて補給部隊が追いつかず、ガソリン不足に悩みました。しかし、何とフランス国内に存在したガソリンスタンドを占拠し、そこから燃料を供給しました。フランス軍は、それを予想できず、ドイツ戦車部隊の進軍を許しています。

自国のインフラを破壊することで、敵軍の進軍を遅らせて補給不足による壊滅を狙うのが焦土作戦です。しかし、それには3つの条件を満たさないといけません。

- **広い国土**：焦土作戦は**縦深防御**の一種。縦深防御とは、敵を打倒して前進を止めるのではなく、敵の前進を遅らせて時間を稼ぎ、領土と引き替えに敵に多くの損害を与える戦略。当然のことながら、あまり戦わずに後退を繰り返すことになる。このためには、後退できるだけの広い国土が必要。また、自然環境が穏やかな土地では、焦土作戦が効果を発揮にしにくい。寒冷地や砂漠のように、人間が生身では生存しにくい過酷な土地でこそ焦土作戦は有効。

- **強権**：占領後、敵は住民を働かせたり、住民から食料や水を徴発する。焦土作戦では、住民を強制疎開させ土地を空白にするとともに、そこから物資が得られないように縦深の奥へと移動させるか、さもなければ破棄（燃やす、毒を撒くなど）しなければならない。住民は当然これを嫌がるので、強制する権限が必要となる。

- **強い意志**：焦土作戦は自国に莫大な損害を与える。このため、つい住民の移動を止めたり、物資の破棄を手ぬるくしたりしてしまう。しかし、それは焦土作戦を失敗させて敵軍を利する。自国にいかなる損害があろうとも焦土作戦を完遂する、という強い意志が必要となる。

ナポレオンと対決したロシア帝国や、第二次世界大戦中にドイツと戦ったソビエト連邦は、焦土作戦を行う理想的環境にありました。国土が広く寒冷地であること。皇帝専制や共産党独裁だったこと。アレクサンドル1世やスターリンという強烈な指導者がいたこと。このように焦土作戦の3条件をすべて満たしています。

カエサルのガリア戦役では、敵方のウェルキンゲトリクスが焦土作戦を行いましたが、焼き払い損ねた町をローマ軍に基地として利用されて敗北しています。焦土作戦を行うなら徹底的に。これが歴史の教える教訓です。

第7章 外線作戦
Exterior Lines of Operations

- 包囲
- 移動距離
- 各個撃破の危機

包囲殲滅を狙う

外線作戦とは、敵を複数の方向から攻撃することによって、不利な体勢を作らせ、包囲殲滅することを狙った作戦です❶。大規模な外線作戦は、強国による攻勢の理想です。また、多数の国による共同作戦の理想でもあります。**外線**とは、自軍の移動経路が、敵の外側にあることを意味します。

あらゆる軍は、正面の敵と戦えても、側面や後背の敵には、弱点を見せます。このため、正面側の自軍は無理をせずに敵の動きを拘束することに留め、他の部隊で弱点となる側面や後背を攻めます。こうすることで、比較的こちらの損害を少なく、敵を打倒できます。

外線作戦の利点は、次のようなものです。

- **主導権の取得**：複数の部隊で攻撃するので作戦正面が多数ある。部隊の連携により（一箇所で攻撃を強化すると、他から援軍を引き抜くので、他方面が弱体化する。そこを突くなど）、作戦の主導権を握ることができる。
- **包囲の可能性**：うまく行けば、敵を包囲できるので殲滅しやすい。
- **補給の負荷の軽さ**：それぞれの部隊が別の進軍路を利用するので、各進軍路にかかる補給の負荷が軽く、補給が破綻しにくい。特に、策源地を複数にすることで、個々の補給路が短くなり、さらに補給が楽になる❷。

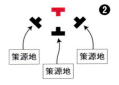

このような利点があるため、大軍側は外線作戦をとることが多いのです。

外線作戦の問題点

外線作戦にも、問題がないわけではありません。外線作戦には、次の4つが必要です。

- **多数の兵員**：敵より多い兵員数が必要。
- **高い移動力**：大回りしての移動になるので、高い移動力が必要。
- **多数の有能な将帥**：複数の部隊が同期して動かなければならないので、有能な将が複数必要。
- **部隊間の連絡**：複数の部隊を同期させるために、無線技術（通信魔法やテレパシーなど、別の手段でも可能）などの素早い連絡手段が必須。

移動力と連絡手段の問題から、中世では外線作戦は成功しないと考えられていました。しかし、ドイツのモルトケが鉄道と電信によって実行可能と考えたのです。

また、外線作戦への対策は次の通りです。これらは、外線作戦の弱点を突いて、敵を打倒しようというものです。

- **各個撃破**：外線作戦が成立するまでは、個々の部隊は比較的少数で移動する。そこで、外線作成が成立する前の、個別に動く敵部隊を各個撃破する。
- **進軍路の阻害**：進軍スケジュールが最もきつい敵部隊を狙って足止め工作を行うことで、わずかな労力で敵の予定を狂わせることができる。
- **部隊間の連絡阻害**：外線作戦を行う敵の連絡を何らかの方法で阻害できれば、敵の作戦は同期できなくなって破綻する。
- **将帥の質の差を利用**：1人でも無能な将がいれば、彼の部隊は予定通りに進軍してくれないため作戦が破綻する。そこで、敵の内で最も無能な将に足止め工作を行う。
- **将帥間の協力を妨げる**：将同士が仲が悪く、互いに協力しあってくれない場合は、部隊の連動が遅れる。そこで、謀略で将の仲を裂いたり、野心を燃やす将に目先の戦果をちらつかせて寄り道をさせたりなどの工作を行う。

いずれの対策も、外線作戦の成立前に、個別に撃破することを狙ったものばかりです。外線作戦に勝つ方法は、それしかありません。ですから、これらの対策以外にも、外線作戦の個々の部隊を孤立させて個別に戦わせる方策があれば、それを使ってよいのです。

第7章 101 Interior Lines of Operations

内線作戦
Interior Lines of Operations

+ 各個撃破
+ 迅速な移動
+ 少数の軍

ナポレオンの戦い

内線作戦とは、外線作戦を取って散開してくる敵軍に対して、自軍を集中して運用し、内線の利を得て撃破しようとする作戦です。比較少数の側の軍が取ることが多い作戦です。内線とは、自軍の移動経路が敵に囲まれるようになっていることを意味します❶。

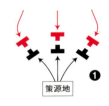

内線の利とは、次のようなものです。内線作戦を行う軍は、移動距離が少なくてすみ、また集中して運用できることから、これらの利点を得られます。

- **疲労の少なさ**：移動距離が短く、それだけ部隊の疲労・消耗が少ない。
- **戦場への先着**：出動して戦場に着くまでが速い。このため、戦場に先に到達でき、有利な位置を占めやすい。「野戦築城」086 をする場合にも有利。
- **戦力の集中**：戦力を均等に分けて敵に対するのではなく、一部隊に集中して敵を撃破し、残りの部隊は足止めに徹して時間稼ぎをするという作戦も使える。
- **連絡の容易さ**：部隊間距離が短いので、互いの連絡が速く確実性も高い。

ナポレオンは、対仏大同盟を組んだヨーロッパ諸国に、内線作戦で対抗しました❷。第四次対仏大同盟（1806年にプロイセン、ロシア、英国、ザクセン、スウェーデンで結ばれた）に対して、フランス軍は、プロイセン王国の戦争準備の遅れと、他国がまだ援軍を送っていない状況を利用して、プロイセンへ進軍します。そして、単独のプロイセン軍を素早く撃破します（イエナ・アウエルシュタットの戦い）。次に、プロイセン軍残存兵力と遅れて援軍に現れたロシア軍を相手に戦います（アイラウの戦い）。プロイセン軍が脱落すると、最後に残ったロシア軍を撃破し（フリートラントの戦い）、プロ

イセンは完全に敗北します。

内線作戦の問題点

内線作戦にも、弱点はあります。そして、その弱点を突くことで、内線作戦を破綻させることができます。

- **包囲の危機**：外線作戦が成立してしまうと、内線側は包囲されてしまうので、急がねばならない。敵方としては、進軍を急いで、早くこの形に持って行く。
- **主導権の喪失**：内線作戦は、外線のすべての敵に対応しようとすると、消極的な防御作戦になってしまう。それでは主導権が得られず、いずれ包囲される。内戦を利用して各個撃破を狙う必要がある。敵方としては、こちらの部隊のすべてが重要であるように思わせて、すべてに対処させることで主導権を持たせないようにする。
- **補給源の危うさ**：内線作戦の場合、策源地はたいてい1箇所になる。工作などによって策源地の機能を破壊されると、兵站が破滅するので策源地の防御は厚くする。敵方としては、内線作戦の策源地をあらかじめ調査しておき、いざというときには潰せるようにしておく。

❷ 濃い網掛け部分がフランスとその同盟国。ただし、フランス以外は、名目上の同盟国で軍は名目上派遣しただけか、ナポレオンによって王位につけられた王国(ナポレオンの兄ジョゼフが王となったナポリ王国など)で実質的属国なので大軍を送る余裕がない。
赤色部分が対仏大同盟で、当時のスウェーデンはフィンランドを含む大国だが、今回は軍をわずかしか送らなかった。英国は強い海軍でフランスを大陸封鎖(交易の阻止など)しているが、陸軍はほとんど送っていない。ザクセンは小国すぎて少数の兵士が送っていない。

内線作戦と外線作戦を比べると、標準レベルの指揮であれば内線作戦のほうが簡単です。全軍が手近にいて、命令を出しやすいからです。外線作戦では、直卒部隊ならまだしも、他の将に任せてある部隊がどうなっているのかよくわかりません。そして、状態がわからない部隊に対し、命令を下さなければならないのです。的外れの命令を出してしまう可能性も高くなります。ただし、高度かつ精密な指揮を行うのであれば、内線作戦でも外線作戦でも連絡に遅延がある限りはどちらも困難です。

シュリーフェン・プラン
Schlieffen Plan

- ✚ 内線作戦
- ✚ 時間差攻撃
- ✚ 各個撃破

ドイツの苦境

　シュリーフェン・プランは、19世紀ドイツ帝国の参謀総長アルフレート・フォン・シュリーフェンが提唱し、小モルトケが改良した、ドイツの軍事戦略です。「内線作戦」101 の一種です。

　ドイツは、ヨーロッパ中央に位置する平原国家で、当時周囲すべてが仮想敵国でした。フランスとロシアは露仏同盟を結んでドイツと対立していたのです。つまり、ドイツは東西両方に敵を抱えていました。

　それ以前は、プロシアの首相ビスマルクの政策により、プロシアとロシアとオーストリアは三帝同盟を結んでいました。ロシアとオーストリアが対立して三帝同盟が破棄された後も、オーストリアとは独墺同盟、ロシアと独露再保障条約を結んでいました。この条約により、ドイツ統一戦争の間、東側は安定しており、プロシアは安心してドイツ統一を行えたのです（統一後の国名がドイツ帝国）。ドイツの敵は、西側のフランスだけでした。

　しかし、ビスマルクの失脚後、ドイツは独露再保障条約の更新を断ります。断られたロシアは、フランスと露仏同盟を結びます。ドイツは、自ら苦境に陥ったのです。

時間差攻撃

　フランスとロシアは同盟を組んでいますから、片方を攻撃すれば、もう一方からも宣戦布告を受けます。ドイツは、**二正面作戦**に直面していました。

しかし、シュリーフェンは、ロシアの国家体制に隙を発見しました。「ロシアの広い国土」と「教育レベルの低さ」および「通信・交通インフラの不備」です。この問題をふまえると、宣戦布告後に徴兵して銃の使い方を学ばせてからドイツに進軍させてくるまでには最低でも6週間は必要だと計算できたのです。

シュリーフェンは、この時間差を利用して、計画を立てます。

1. **ロシアを放置**：ロシア軍が実際に進軍するまでには、月単位の期間が必要と予測される。それまでは放っておいても攻めてこないので、しばらくはロシアを放置しておいても問題ない。最低限の足止め部隊を除いて、東部戦線の部隊を西に移動させる❶。
2. **フランスに攻撃**：西部戦線にほぼ全兵力を集めて、フランスを全力で攻める❷。ロシアの動員が終わってドイツに攻めてくる前に、フランスを敗北させる。1ヶ月半でフランスを陥落させる。
3. **軍の大移動**：西部方面で戦っていた部隊を東へ大移動する❸。軍の移動前にロシア軍の攻撃が始まった場合、足止め部隊で時間稼ぎする。
4. **ロシアを攻撃**：軍が東部戦線に揃うのを待って、ロシア軍への総反撃を開始する❹。そしてロシアとは講和に持ち込む。

しかし、これは計画倒れに終わります。フランスの意表を突くためにベルギーを通過する予定でしたが、黙って通してくれると思っていたベルギーが激しい抵抗を見せます。これで移動が遅れたところで、さらにロシア軍の戦争準備が予想以上に早く終わります。結局、計画は破綻し、ドイツ帝国は敗北しました。

シュリーフェン・プランは、攻勢の早期達成に計画の成否がかかりすぎていて、タイムスケジュールがずれると、一気に破綻する危険な計画でした。軍事作戦とは、このようなリスクを負うものであってはならないのです。

第7章 電撃戦
Blitzkrieg

- ✟ 突破
- ✟ 後方遮断
- ✟ 心理戦

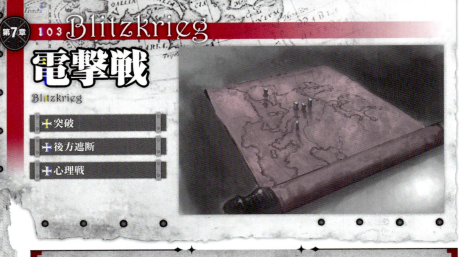

戦車によって生まれた戦略

　電撃戦は、戦車と航空機という兵科の誕生と、無線通信の発達によって生まれた戦略です。このようにいうと新しい戦略のように感じられるかもしれませんが、その実体は、古典的ともいえる戦線突破と背面展開を組み合わせた考えです。

　電撃戦は、速度によって敵を包囲し、その戦力を無力化する戦略です。例えば次のような要素を組み合わせて、敵を無力化します。

- 🔴 （可能なら）近接航空支援により、敵の弱点となりうる場所を攻撃する。
- 🔴 弱体化したところに、集中攻撃をかけて、敵の戦線に穴を開ける。
- 🔴 戦線の穴から戦車および自動車化歩兵を突入させ、大きく背面展開する。
- 🔴 敵に包囲されるという恐怖を与え、パニックにする。
- 🔴 常に敵の後方へ後方へと高速に移動し、常に敵に包囲されるという圧力を与える。

　電撃戦の好例ともいえるのが、第二次世界大戦におけるドイツ対フランスの戦いです。ドイツのフランス侵攻では、さらに空挺部隊によってベルギーの要塞を包囲無力化して、味方部隊を通過しやすくするということまでやっています❶。

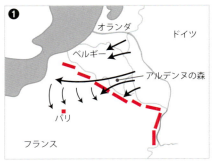

ドイツ帝国の電撃戦計画：アルデンヌの森を突破して、海まで突進し、そこから北の部隊を大包囲する。その後、南下して、パリへと進軍する。

電撃戦で重要なのは、「敵の撃破を目的としない」という点です。電撃戦では次のようなことを目的とします。

- 🔴 **補給遮断**：敵の補給を断って、弾薬・燃料不足に陥らせる。
- 🔴 **移動阻止**：敵部隊の移動を阻止し、戦力が必要な場所に送らせない。
- 🔴 **戦意喪失**：包囲することで、心理的に敗北させる。

電撃戦の目的は、敵の打倒ではなく、補給と機動を阻害し、心理的に敗北させることです。電撃戦では、敵の主戦力と戦わなければ戦わないほど、作戦がうまくいっていると考えられるのです。包囲することで本当に敵を包囲殲滅するのは、あくまで最悪の場合です。

電撃戦を行う場合、戦力を進撃部隊と拘束部隊に分けます。進撃部隊には、突破力と機動力が重要です。その役目は、敵の後方へと移動し、敵の弱点を突くこと（後方を遮断する、司令部を攻撃する、首都を攻略するなど）が役目です。拘束部隊は、前線の敵軍を拘束し、後退できない（後退すると、追撃で大ダメージを受ける）ようにするものです。

中世の電撃戦

電撃戦には、戦車が必要かというと、そうではありません。突破力と機動力に優れた兵科があれば、中世でも騎兵を使って実現可能と考えられます。ただし、中世の戦いでは、電撃戦の目的のうち次の2つが達成困難です。

- 🔴 **補給遮断しにくい**：中世の軍は弾薬も燃料も必要としない。食料は、包囲の輪が大きく、その中に農村などがあればそこから徴発できる。
- 🔴 **移動阻止に意味がない**：各領主は独立しているので、それぞれの領主の軍は自分の領地から移動できなくても、特に困らない。

敵を包囲することで心理的圧迫を与え戦意喪失させることはできます。包囲殲滅は可能といえますが、それはもはや電撃戦とは呼べません。このように電撃戦の3つの主目的の内、2つまでがあまり機能しません。これが、中世のころに電撃戦が発想されなかった理由です。ただ、中世であることを活かして「敵国王都に突撃し、敵の王を捕らえる」ということを目的にした電撃戦が考えられるかもしれません。

第7章 104 Guerrilla Warfare

ゲリラ戦

Guerrilla Warfare

+ 不正規戦
+ 自国
+ 住民

弱者の戦略

　自国に攻め込まれた・自国を占領された弱者（自国に攻め込まれているだけで、弱者であることは明らかです）が、自国を舞台に取る最強の戦略が**ゲリラ戦**です。ナポレオンに対して、スペイン国民が行った**ゲリーラ**（小さな戦争）が語源とされます。

　ゲリラ戦の基本は、「正規軍とは正面から戦わない」ということに尽きます。なぜなら、正規軍同士の会戦を行ったら、絶対に負けるとわかっている側が行う戦略だからです。その代わり、ゲリラ戦を行う側には、次の3つの利点があります。

- ● **天の時**：敵軍は自国を攻めるのに成功したが、まだ支配は安定していない。
- ● **地の利**：自国なので、地形や気候などについて敵よりも詳しい。
- ● **人の和**：思想の差はあっても占領軍よりはマシなので、住民が支持してくれる。

　逆にいうと、この3点がないとゲリラ戦には勝利できません。アジアやアフリカでも、独立後に社会主義革命を目指すゲリラが発生しましたがほとんど失敗しています。これらは、独立という大目的がなくなったため、住民の支持が失われたからです。

　自国が敵軍に占領された状況が、ゲリラ戦の始まりです。そこから、地の利と住民の支持を活かして、小規模部隊を編制し、占領軍の中から勝てそうな対象（移動中の敵小部隊とか、輸送部隊、休暇中の兵員など）を選んで、奇襲や待ち伏せ攻撃、後方支援組織への攻撃、破壊活動などを行います。これによって、敵軍事組織を混乱させ、補給不足や士気の低下を狙うのがゲリラ戦です。そして、攻撃を終えたら、素早く住民の中や、人のいない土地などへと身を隠します。

　占領軍は、ゲリラを正規の軍人とは認めず、不正規兵・テロリストと見なします。確かに、正規の軍服を着ていないゲリラは、ハーグ陸戦条約（1899年採択）上の兵士と

は認められませんから、時代によっては彼らをテロリストと主張する占領軍にも一応の法理があります（1977年のジュネーブ条約でようやくゲリラを兵士と認めることになりました）。つまり捕まったら、捕虜ではなく大量殺人の犯罪者として即座に処分される可能性が高いのです。

　占領軍は、ゲリラをなかなか見つけることができません。住民ごと弾圧することもできますが、そんなことをすればますます住民の恨みを買って、ゲリラへの協力が盛んになるだけです。このため、被占領状態にある国の人々にとっては、非常に有効な戦い方です。ゲリラ戦を続けるためには、次のような条件を守らなければなりません。

● **住民の支持**：ゲリラ戦を行う最大の基盤。村を略奪するなどして住民から協力が得られなくなれば、ゲリラはあっという間に壊滅する。

● **忍耐の維持**：ゲリラ戦には即効性はない。時間をかけて、じわじわと敵を弱らせる戦略。なかなか効果が出ない状況に耐えなければならない。

● **慎重な行動**：占領軍は、ゲリラを罠にかけて一網打尽にしようと狙ってくる。このため、臆病なくらいに慎重になる必要がある。わずかでも疑念があれば、攻撃を取りやめて逃げるべき。

● **情報の隠匿**：ゲリラの最大の利点は、その姿が敵から見えないことにある。拠点・人数・協力者・交通路・武器供給元・自国内の敵対勢力・その他あらゆる情報を、敵から隠しておく。

● **情報の優位**：軍事的に弱いゲリラが敵に勝る点は、戦闘エリアが自国内であるということから得られる情報の優位。せめて情報だけでも勝らなければ、勝ち目などない。敵の情報、特にこちらを罠にかける情報には注意が必要。

　このような条件を守る限り、ゲリラは圧倒的に有利です。正規軍でゲリラを倒すには、ゲリラの5〜10倍の正規軍が必要だともいわれます。

　ゲリラ戦は、情報の戦いになります。なぜなら、ゲリラは基本的に姿を見せません。そのため、占領軍はゲリラが攻撃したくなるような美味しい部隊（護衛の少ない輸送部隊や、司令部の移動など）の偽情報を、苦労して（簡単に手には入ったら罠だと思うから）手に入れさせて待ち伏せます。

　逆にゲリラは、偽情報の中から真の情報を探ります。さらに、罠をかけるために部隊が出かけて手薄になった所を狙ったり、わざと情報漏れを起こして敵を誘導するなどして占領軍の裏をかこうとします。

　ゲリラ戦を描くには、騙し騙されの戦いを描くことになります。なぜなら、戦い自体は、敵をうまく騙せたほうが圧勝するからです。あとは、負けたほうの生き残りが逃げられるかどうかくらいの差しかありません。

第7章 105 Fog of War
戦場の霧
Fog of War

✚ 不安
✚ 予測
✚ 誤断

分からないことで物語を揺るがす

　ゲームや物語では、指揮官は多くの情報を手に入れ、それを元に正しい判断を下します。しかし、現実に指揮官が得られる情報は、もっと少量で、もっと断片的で、もっと確実性が低く、もっと誤りが多いものなのです。このような誤りの原因となる状況や、それから得られた不確定な情報、さらには戦いの運不運まで含む、戦いにおける不確定要素すべてをクラウゼヴィッツは**戦場の霧**と名づけました。

　戦場の霧は、主人公の不安を煽り、読者にスリルを感じさせます。だからこそ、それを乗り越えて勝利したとき、大きな達成感を得られます。

　戦場の霧の中には、運のように人間にはどうしようもない要素もあれば、人間の努力で軽減できるものもあります。軽減できそうな戦場の霧にも、次のように様々な原因があります。

- ● **情報遅延**：無線のような即時連絡手段がない場合、敵軍を偵察した兵は本隊まで戻って報告する。移動時間がかかるため、指揮官に情報が伝わったときには、情報がすでに古くなっていることがある。
- ● **命令遅延**：即時連絡手段がない場合、指揮官の出した命令は伝令が部隊に伝える。移動時間がかかるため、命令した時点では正しくても、命令を受けた時点では、すでに古い情報を元にした誤った命令になっていることがある。
- ● **情報不足**：指揮官に情報がない。例えば、偵察隊を派遣していない地域の情報は手に入らない。そこに敵軍がいてもわからないことになる。
- ● **情報収集不能**：深い霧が立ちこめているといった状況によって、情報収集自体ができない。

- **情報誤認**：偵察員の見誤り、伝達時のミスなどによって、情報が誤ったものになる。
- **情報欺瞞**：敵がこちらを間違わせるために、わざと誤った情報を流す。偽情報を信じさせるために、正しい情報と誤った情報を混ぜて流すこともある。

　どんなに正しい判断力を持とうとも、情報が誤っていれば、結果的に間違った判断になるのです。戦史を見ても、この誤断によって敗北した戦いは無数にあります。

　特に、中世の戦争では、レーダー、無線機、空中偵察といった技術が存在しないので、現代の戦争よりも遙かに戦場の霧が濃く、誤りが発生しやすい状況にあります。

戦略的霧

　戦場の霧という言葉は、敵部隊がどこにいるか、その敵部隊の規模はどのくらいかといった戦術的な不明確さのみを表す言葉のように見えます。しかし、本来の言葉は"Fog of War"であり、**戦争の霧**とでもいう問題です。

　つまり、表のような戦略情報の不足・誤りも、戦場の霧です。

戦争目的	敵は、何が目的で、この戦争を始めたのか。
攻勢方面	敵は、どの方面で攻勢を取るか。
防衛線	敵は、防衛線をどこに敷くか。
勝利	敵は、どうやって戦争に勝つつもりか。
勝利条件	敵は、どういう条件が満たされたら、勝利したと満足するのか。
敗北	敵は、どうなったら敗北を認めるか。
譲歩条件	敵は、敗北した場合にどこまでなら譲歩するつもりか。
同盟	敵は、どの国と同盟しているか。また秘密同盟を組んでいるか。
技術	敵は、どのような武器を持つか。戦争技術はどの程度発達しているか。
戦争準備	敵は、戦争すると決めてから実際の開戦までにどれだけの期間が必要か。

　実際、第二次世界大戦の日本は、アメリカがどうしたら戦争を止めるかを見誤ることによって、敗戦の憂き目を見ました。

　敵に、これら戦略情報を誤認させれば、大きな利点を得られます。戦争準備が不足していると誤認させ、油断して攻撃してきた敵に大ダメージを与えることもできます。

　しかし、戦略情報の誤りは、戦争を悲惨にすることもあります。敵の譲歩条件を見誤ってしまい、敵が譲歩するつもりであることに気がつかず、戦火をさらに拡大することになれば、無益な戦いになっていまいます。戦略情報の中には、敵にきちんと知ってもらわないといけないものもあるのです。

兵站
Logistics

- 補給
- 輸送
- 整備

戦争の勝敗を決めるもの

　精兵を育てることも超兵器の開発も勝利のためには有効なことです。しかし、それは「戦闘の勝利」のためであって、「戦争の勝利」には直接結びついていません。

　戦争の勝利に最も影響のある要素とは何でしょうか。それは**兵站**です。

　兵站とは、次の4つの総合能力です。

- **補給能力**：軍事に必要な資材を供給する。そのための、資材の保管や配分も行う。
- **輸送能力**：兵員・資材・その他何であろうとも、軍事的に必要な何かを運ぶ。
- **整備能力**：部隊の戦力を維持するために、装備の維持管理と修繕を行う。
- **管理能力**：「補給」「輸送」「整備」を効率よく行うための管理事務部門が必要となる。

　兵站能力の低い軍は、勇猛な兵と優れた将を備えていても、時間が経てば息切れします。勝つ方法は短期決戦だけですが、無理して失敗する可能性が高いでしょう。

　例えば、第二次世界大戦において、アメリカの戦車はドイツの戦車に比べると平凡な性能でしかなく、どこも優れていませんでした。しかし、アメリカはその平凡な戦車を、ドイツの何倍も用意し、稼働させることができました。ドイツは、優れた戦車を開発したものの、それを全部隊に配備することができませんでした。

　また、同時期のアメリカ空軍はB-29という高性能爆撃機を開発しました。しかし、当時の技術レベルに比べあまりに高性能すぎて、稼働率が50％を切るという無理のある機体でした。アメリカは必要機体の2倍製造するという荒技で、この問題を解決してしまいました。そして、この稼働しない50％を整備する整備兵も用意したのです。

　いずれも、アメリカの兵站能力の凄さを語るエピソードです。アメリカという国が、第二次世界大戦において、勝つべくして勝ったということがよくわかります。

戦略と政略　第7章

106

兵站

どんな軍隊も、兵站無くして活動はできません。中世の軍隊でもそれは同じです。さすがに、燃料や弾薬こそ使いませんが、武器や防具も破損しますし、矢は使ったら減ります。もちろん、食事をしないで活動できる兵などいません。

つまり、軍は、その兵站能力によって使える最大兵力が決まります。そして、よほどのことがない限り、兵力の多いほうが勝利します。兵站能力こそが、戦争の勝敗を左右する最大の要素なのです。

補給の内訳

兵站の中でも特に重要な補給は、次の3つの任務の総合です。

- **備蓄管理**：補給物資を、補給基地で保存管理しておく。せっかくの物資を、紛失したり損耗させたりしてはいけない。
- **輸送**：補給物資を、補給基地から前線へと輸送する。物資ごとに、送り先の部隊が決まっているので、誤った部隊に送りつけないように気をつけなければならない。
- **配分**：補給物資を各部隊に適宜配分する。各部隊には、部隊が運べる量以上の物資を配分してはならない。

物資といっても、部隊ごとに必要な物資は異なります。飼い葉は騎馬部隊しか必要としませんし、槍歩兵に矢を供給しても無意味です。補給は単に物資を運ぶことではなく、次のような戦略レベルの思考を必要とする重要な機能なのです。

- **消費予測**：各部隊が何をどれだけ必要とするか（必要となる前に運んでおかないと、前線で物資不足が起こる）を予測する。多すぎても、前線の将兵が運べない。
- **輸送リスク**：運ぶ行程にどのくらいのリスク（敵の攻撃や運送路の障害など）があるかを推測し、必要な護衛や工兵をつける。加えて物資に余裕を持たせる。
- **優先順位**：どうしても物資が不足する場合、どこを切って、どこを優先するかを決める。

逆にいえば、敵はこれらのどこでも攻撃して補給機能を麻痺させれば、敵軍全体を地味に弱体化させることができます。

特に、本国補給基地→連絡地域（本国でも敵国でもない地域）補給基地→前線補給基地→各部隊補給兵員→各部隊兵員と、備蓄は何段階にも行われながら戦闘部隊まで送られます。その過程のどこでも、補給を狙う攻撃ができるのです。

235

第7章 Maritime Strategy

海洋戦略

Maritime Strategy

- 制海権
- 海上支配
- 通商破壊

制海権

　海の戦いは、船上での戦いだけではありません。戦いをいつどこでどのくらいの規模で行うかといった、戦略レベルの思考があって、はじめて海を制することができます。そこで、**制海権**や**海上支配**、**シーパワー**といった、様々な**海洋戦略**が考えられました。
　制海権とは、海の支配を表す戦略概念です。これは2つの条件からなります。

- **航行の自由**：自国の船舶は、その海において安全かつ自由に航海できる。
- **敵勢力の排除**：敵対勢力の船舶は、その海から排除される。

　しかし、史上100％の制海権を持った国は存在しません。大英帝国の最盛期ですら、相対的な制海権しか持っていませんでした。敵艦船はほとんど活動できず、滅多なことで自国船舶が脅かされることはないという状態までです。
　制海権は次の2つの方法で手に入れられます。

- **敵海軍撃破**：敵の海軍と決戦を行って、敵海軍を撃破沈没させる。そうすれば、海にいるのは自軍だけなので、制海権を取ったといえる。

　ここで重要なのは、海軍とは技術者の集まりだというところ。船を運航し、戦闘を行うには、高度な知識と技術が必要となる。そのため、海軍が壊滅し、海軍士官たちが失われてしまうと、その穴埋めには非常に時間がかかる。そこで、敵軍が弱体の内に、何度も攻撃をかける。特に、敵の重要航路を脅かすと、敵は出てこざるを得ない。そして、弱体の敵を倒す。これを繰り返すと、いつまで経っても、敵は強力な海軍を持てない。つまり、永遠に制海権を取り返せないということになる。
　いったん海軍を失うと、10年単位の時間を掛けても元に戻すのは困難である。歴史

上、海軍の再建に成功したのは、海上自衛隊だけといわれている。

● **海上封鎖**：指定した港湾に船舶が出入りすることを阻止する。民間船に対しては臨検と拿捕を行い、軍艦に対しては当然攻撃する。また、機雷が発明されて以降は、機雷で港湾の入り口を封鎖してしまうこともある。こうして敵海軍を出港できなくする。

海軍が弱体化してきたときには、「艦隊が存在していて、いざというときに攻撃してくるかも知れないという状態」を維持する戦略をとることがあります。優勢な側は、いつ出てくるかわからない敵のために海軍を広く分散配置する必要があり、財政的負担が大きくなるのです。この弱者の戦略を**艦隊保全戦略**といいます。この戦略に対抗して艦隊が出てこられなくするのが、海上封鎖です。

海上支配とシーパワー

自国の船舶が通過するときだけ安全を確保すればよいという海洋戦略もあります。これを海上支配といいます。**船団護衛**も、この海上支配の一種です。

逆に、敵の船舶輸送を阻止する戦略を**通商破壊**といいます。船舶は、一度に輸送できる量が多く、その割に燃料や人員が少なくてすむため、船舶輸送を阻止されると破滅的です。陸上輸送に振り替えることができる場合でも、余計な燃料を消費し、多数の人員が必要になり、しかも輸送量が足りないという結果になりがちです。

現代に近くなると、シーパワーという新たな海洋戦略が提唱されます。海軍があるだけでは海を有効活用しているとはいえず、それを活用する商船その他の民間海洋勢力も含めた、次の項目のような幅広い概念がシーパワーです。これによって、領海から公海まで、自国の影響力を及ぼすことができます。

● **海軍**：制海権もしくは海上支配を行う軍事力。
● **船舶**：商船・漁船など、海を経済的に利用するだけの船舶。
● **港湾**：船舶を効率よく活用するための港湾。
● **工業**：十分な船舶を作りまた補修するための造船能力。

海軍力が弱体で、しかも基本が陸軍国であるような国は、世界中で制海権を取る**外洋海軍**となることを最初から諦め、自国の沿岸および周辺を守る**地域海軍**に徹するという方法もあります。なぜなら、「大海軍と大陸軍を同時に持つことはできない」からです。もちろん、第二次世界大戦当時の米軍のような例外はあります。

ウェゲティウスの軍事論
Vegetius' "De Re Militari"

- 準備
- 訓練
- 平和

軍師らしい台詞

　ローマ時代から19世紀まで、最も影響の大きかった兵書として、**ウェゲティウスの『軍事論』**があります。各国語に翻訳され、シャルルマーニュ、マキャベリ、リチャード1世など、多くの将帥・軍事思想家に影響を与えています。『孫子』より、ヨーロッパ風ファンタジーに合うでしょう。

　『軍事論』には多くの箴言が含まれています。ここでは著名な箴言を紹介します。

- **平和を欲するなら、戦争に備えよ**：備えがなければ平和は得られないことを教える箴言。「平和を願う者は、戦争の準備をしなくてはならない。勝利を望む者は、兵を鍛えなければならない。結果を求める者は、偶然に頼らず、自らの技量を以て戦わねばならない」という文の一部。最初の節は、軍事力による平和、敵から攻撃されない国を作れと主張している。第二の節は、結局は勝敗は兵士の質によって決まるという意味。もちろん、数が第一だが、これを読む人間なら当然のことなので、書く必要がない。そして最後の節は、幸運に頼るなといっている。全体としては、軍事行動において、事前準備の大切さを説き、確実な勝利を求めるようにせよという警句。

- **生まれつきの勇者などいない。多くは訓練と軍紀による**：訓練と規律の大切さを説いた箴言。勇者の血筋などは存在しないと言い切っている。勇者は、訓練と軍紀によって鍛えられた人物であって、何の訓練もしないで勇者というのはあり得ない。たとえファンタジーもののように勇者の血筋が存在する物語であっても、訓練なしには、その力は発揮されないと主張している。ウェゲティウスにとっては、勇者の血筋ですら訓練の必要な、一つの才能だったのかもしれない。

また訓練や軍紀は、戦争において、兵士の逃亡率の差につながっている。ただし、常に逃げない兵士が偉いわけではない。よい兵士とは、逃げるべきでないとき（苦しいが今頑張れば勝ち目がある）に逃げず、逃げるべきとき（敗北したので戦場を離れたほうがよい）に逃げる兵士のこと。何でもかんでも逃げる兵士は臆病者だが、どんなときでも逃げない兵士は蛮勇という。

◉ **危急の際に要することは平穏な時代から継続的に為されるべきである**：普段からの準備の大切さを説いた箴言。危急のときに慌てて何かしようとしても失敗する。平穏な時代のうちからずっと継続して行っておけば、危急のときであっても平常心で行える。

◉ **勇猛さは兵数に優越する**：士気の必要性を説いた箴言。戦いは数が重要であるが、特に中世の戦闘では士気が大きな影響を持つ。このため、兵数の差がさほどでないなら、勇猛な側が勝利することもある。

◉ **戦争における偶然は勇気以上に戦争を支配する**：戦争における偶然の恐ろしさを説いた箴言。勇気は重要だが、戦争において偶然の影響も大きい。だからこそ、「運がいい」といわれる将を兵は好んだ。

◉ **地形は勇気以上の影響を及ぼすこと、しばしばである**：有利な地形に寄ることの重要性を説いた箴言。戦争における地形の影響は、考える以上に大きい。部隊の士気よりも大きな影響がある。

◉ **敵を知り、我を知る将帥を打ち破るのは簡単ではない**：『孫子』の「敵を知り、己を知れば、百戦危うからず」に相当するもの。ウェゲティウスの主張も同じで、自軍と敵軍の状態をきちんと把握している将は、大変手強いことを表している。『孫子』より控えめな主張なのは、知っただけではどうしようもない影響（勇猛さや偶然や地形など）もあるから。

◉ **汗を流す軍隊は強化され、怠惰は軍隊を弱くする**：訓練の重要さを説いた箴言。普段から汗を流してきっちり訓練をしている軍隊は強くなるが、怠けている軍隊は弱くなる。

◉ **良将は好機に恵まれるか、必要に迫られるかでない限り、全面的な戦闘に入るべきではない**：戦機をつかむことを重視する箴言。いったん全面的戦闘に入ってしまうと止めることは困難。このため、小競り合いなどで時間を稼ぎ、好機を待ったほうが有利。

◉ **剣は斬るものではない。突くものだ**：箴言というより、実用的な言葉。剣は、血糊で斬れなくなるし、固いものにぶつけて折れることもある。このため、斬るよりも突くほうが確実でしかも長く使える。

第7章 109 Machiavelli's "Il Principe"

マキャベリの君主論

Machiavelli's "Il Principe"

- **+ 政略**
- **+ 君主**
- **+ 悪**

君主が悪を為すとき

　マキャベリは、『**君主論**』の著者として知られる、ルネサンス時代のイタリア人です。他にも『**戦術論**』『**政略論**』など、多くの著書があります。

　理想主義が広がっていたルネサンス時代に、徹底した現実主義を主張します。そのため、マキャベリズムは、倫理や道徳を無視する冷酷な政治思想と誤解されました。

　しかし、マキャベリの最重要主張は、「こと祖国の存亡を賭けている場合、その手段が、正しいとか正しくないとか、寛容であるとか残酷であるとか、賞賛されるものかそれとも恥ずべきものかなどは、いっさい考慮する必要はない。何にも増して優先されるべき問題は、祖国の安全と自由の維持だからである」にあります。どんなに素晴らしい理想があっても、自国民を亡国の民にする指導者は最低なのです。

　これは、マキャベリが生きた当時のイタリアを考えると、やむを得ないところがあります。当時のイタリアは小国に分裂しており、絶えず周辺の大国に脅かされていました。このため、自国を保つことが、最優先になってしまうのは仕方ありません。

　マキャベリが指導者に求める3つの才能は**ヴィルトゥ**（能力）、**フォルトゥナ**（幸運）、**ネチェシタ**（時代性）です。どんなに能力があっても、運が悪かったり、時代に合わなかったりする指導者は、敗北するのです。混迷のイタリアを救うためには、この3つの才能が絶対に必要だと考えたのでしょう。

　彼の主張は、数々の本で次のように書かれています。

● **君主は悪徳を学ぶべきで、必要に応じて使用不使用を選ぶ技術を会得すべきである：**
　君主は、必要であれば悪徳であるべきだと主張している。しかし、マキャベリは悪徳を賞賛しているわけではない。必要もないのに悪徳であるのも間違いだと主張し

ている。

● **歴史上、自由を持つ国だけが、領土を拡張し経済的にも豊かになった**：マキャベリ
は自由も国家には必要だと考えていた。人々の自由がある国が発展すると主張し
ている。

権力に対する現実主義

　マキャベリは、あくまでも現実主義の人間です。理想は理想として認めていますが、
現実にはそれが実現しないことを知っているのです。

● **個人の間では法や契約が信義を守る。しかし、権力者の間で信義が守られるのは、
力によってのみである**：これは国と国との間でも同じ。最終的に国が約束を守るのは、
約束を破ることによって受ける力（戦力とは限らない）によるダメージを避けるためで
ある。現在では、先進国は、約束を破ることによって失われる信用が大きいので、滅
多に破ることはない。しかし、テロ国家などは、元から信用などないので平気で破る。
中世の国家間の条約などではさらに露骨で、条約とは守ると有利な間だけ守られ
るもので、不利になるようなら即座に裏切られた。その中では、神の名において約
束した場合のみ、（地獄行きが恐いので）比較的守られたが、それですら絶対とは
いえなかった。

● **思慮深い武将は、配下の将兵をやむを得ず戦わざるを得ない状況に追い込む**：「戦
う以外に道はない」と信じている将兵は、多少の不利でも崩れない。逃げられると
思うと、将兵の士気はそこで途切れる。

● **一軍の指揮官は一人であるべきである**：これは、戦いの原則にもある「指揮の統一」
をマキャベリの言葉で表したもの。

● **他者を強力にする原因を作るものは、自滅する**：まず自国を強力にすべきで、他国
を強力にすれば相対的に自国が弱くなる。

● **自らの安全を自ら守る意志がないなら、どんな国家も独立と平和を守れない**：この
意志を持たなかった国家が、すべて滅びてきたことは歴史が教える事実。

● **最近与えた恩恵で過去の怨念が消えると思う人は、取り返しの付かない過ちを犯す**：
人間は、恩恵を与えたからといって、怨念を帳消しにしてくれない。

● **君主にとっての敵は内と外にある。この敵から身を守るのに必要なものは、防衛力
と友好関係である**：戦力と国家間の友好はどちらも必要なもの。友好を忘れれば
無駄な戦争が起こり、戦力を忘れれば無様な敗北が待っている。

第7章 孫子の兵法
Sun Tzu's "The Art of War"

- 戦略
- 戦術
- 東洋思想

世界最古の戦略書

『孫子』は、孫武の描いた世界最古の戦略書として知られています。抽象的な記述が多い戦略書ですが、それゆえに現代でも通用します。

次の3つは戦略レベルの智恵です。もちろん、戦術レベルにも応用は利きます。

- **兵は国の大事にして、死生の地、存亡の道、察せざるをべからざるなりけり**：軍事は、国の存亡を決める大事な問題で、真剣に考えるべきこと。あらゆる戦略家が主張する真理で、軍事を真面目に考えない国は滅びても仕方がない。
- **兵は詭道(きどう)なり**：戦争は騙し合い。敵を騙せたほうが勝利する。「できることをできない振りをする」「欲しいものを要らない振りをする」「近いのに遠くに見せる」「遠いのに近くに見せる」「有利と思わせて誘い出す」「混乱させて倒す」「充分な敵にはこちらも準備をする」「強い敵は避ける」「怒らせて誘い出す」「卑屈になって油断させる」「休息する敵は疲れさせる」「親しい者を離間させる」「無防備なところを攻める」「不意を突く」などが有効である。
- **敵を知り、己(おのれ)を知れば、百戦して危うからず**：敵と自分についてよく知れば、戦争で負けなくてすむ。ついで、自分だけを知っていれば勝ったり負けたりし、そして、自分のことも知らないようでは常に負ける。

このように、大方針を決めたうえで、作戦・戦術レベルの箴言があります。

- **兵は拙速なるを聞くも、いまだに功の久しきを聞かず睹(み)ず**：戦争は、戦下手でも早く終わらせられるなら、そのほうが得である。長期戦をしてうまく行った例はない。

戦略と政略　第7章

孫子の兵法

- **兵の形は実を避けて虚を撃つ**：戦争では、敵の実を避けて虚を攻撃する。つまり、敵の手厚いところは避けて、敵の手薄なところ、心理的に軽く見られているところを攻撃する。

- **戦勢は奇正に過ぎざるも、奇正の変は勝げて窮むべからざるなり**：戦争の仕方は、奇襲か正攻法かのどちらかしかないが、その変化は無限である。戦い方には無限の変化があるから、そのつもりで戦えと教えている。そして、8つのべからずを書いている。

  - **高陵には向かうことなかれ**：高地の敵は攻めるな。
  - **丘を背にするは逆うことなかれ**：丘を背にする敵も攻めるな。
  - **偽り北ぐるには従うことなかれ**：わざと逃げる敵は追うな。
  - **鋭卒には攻むることなかれ**：精鋭は攻めるな。
  - **餌兵には喰らうことなかれ**：餌に飛びつくな。
  - **帰師には遏むるこいとなかれ**：帰る敵を止めるな（後ろから攻撃する）。
  - **囲師には必ず闕き**：包囲した場合には必ず逃げ道を作れ（死兵となるから）。
  - **窮寇には迫ることなかれ**：窮地の敵を追い込みすぎるな（窮鼠と化すから）。

  これらは、戦術的な危険を警告してくれている。

- **故に兵は、走なる者あり、弛なる者あり、陥なる者あり、崩なる者あり、乱なる者あり、北なる者あり、およそこの六者は天の災いにあらず、将の過ちなり**：負け戦は、「10倍の敵と戦う」「兵が強いのに幹部が馬鹿」「幹部が強いのに弱兵」「王と将がバラバラ」「甘い将軍で兵を統率できない」「王が敵の情報を知らずに攻撃を命じる」などが原因で、これらは、天災ではなく人災である。

- **善く戦う者は人を致して人に致されず**：戦いのうまい人は、主導権を握り、他人に奪われない。

- **十なれば則ち之を囲み、五なれば則ち之を攻め、倍すれば則ち之を分かち、敵すれば則ち能く之と戦い、少なければ則ち能く之を逃れ、若かざれば則ち能く之を避けよ**：兵が10倍いれば包囲し、5倍なら攻撃し、2倍なら分断する。同数なら必死に戦い、少なければ退却せよ。勝ち目がないほど差があるなら、最初から戦うな。

- **智将は務めて敵に食む。敵の一鍾を食むは、吾が二十鍾に当たる**：賢い将軍は、敵の物資を略奪して使う。敵から奪えば、（敵の補給が減ること、自軍の補給が減らないこと、新たな輸送が必要ないことなど）自軍の備蓄を使う20倍の価値がある。

　このように、古代の書であるにもかかわらず、現代にも十分に有効と思えるのが『孫子』の凄いところです。薄い本なので、読んでおいてうまく引用すると、将や軍師が賢く見えます。特に、東洋系の背景設定を持つ物語に向いています。

243

用語解説

- **足軽**：戦国時代の日本の歩兵。槍を持った槍足軽と、弓を持った弓足軽がいる。まれには、馬に乗った馬足軽もいる。

- **鐙（あぶみ）**：馬にまたがるときに、脚を踏ん張れるようにするために作られた乗馬器具。

- **移動力**：戦場での、部隊の移動能力。戦闘時には、部隊は戦闘隊列（戦うための隊列）を取る。この戦闘隊列状態での移動速度、旋回速度などを総合したものを移動力という。隊列によっては、前に進むのは速いけれど後ろに下がるのは遅いなど、移動方向によって移動速度が変わることも多く、一つの数値だけで移動力を表すことはできない。

- **海上支配**：英語では"Sea Control"。制海権から、敵の排除を除いて、自国の安全な通行だけを確保したもの。

- **海上封鎖**：軍艦や機雷などで、敵国の船が移動・出動できないように海を封鎖してしまうこと。港の入り口が狭くなっていたり、海峡があったりすると封鎖しやすい。艦隊保全戦略への対抗策として行われることが多い。

- **外洋海軍**：世界中に軍艦を派遣できる海軍のこと。世界有数の海軍国でなければ、外洋海軍を持つことはできない。

- **火力**：部隊の攻撃力のこと。特に、銃火や砲撃による攻撃力のことを火力という。

- **艦隊保全戦略**：弱者の海軍戦略である。艦隊を敵の攻撃の及ばない自国の港や湾に置いておき、いざというときに出港して攻撃してくるかも知れないという状態を維持する。これによって、強者の海軍（制海権を持っている側）は、艦隊を広く制海権のある海域に分散して、どこに弱者の側の海軍が攻めてきても対応できるようにしなければならない。これは、強者の海軍にとって大きな財政負担となる。

- **機関銃（マシンガン）**：連続して弾丸を発射できる銃で、通常は据え置き型である。機関銃の発明によって、戦列を組んで戦うという戦法は完全に時代遅れとなった。手に持って撃てるものは、短機関銃（サブマシンガン）という別の銃種である。

- **騎射**：馬に乗りながら矢を射ること。鞍や鐙の発明前は、騎馬民族くらいでないとできない技だった。発明後も、何年も訓練をしなければできなかった。

- **機動**：戦争における部隊の移動のことで、必要な戦力を必要なときに必要な位置に移動させることをいう。特に、敵の包囲や迂回運動など、攻撃に役立つ移動をいう。

- **機動力**：戦場以外での、部隊の移動能力。戦闘していないときは、部隊は移動のための隊列をとり、また鉄道などの移動手段を利用することもある。このような状況での移動速度を、機動力という。ただ、機動力と移動力を合わせた総合能力を機動力と呼ぶ場合もあるので注意。

- **騎馬民族**：中央アジアで遊牧生活をしていた民族のことで、乗物として馬を利用していたので、騎馬民族といわれる。生まれてすぐに馬に乗り始め、馬上で生活するといわれるほど一日中馬に乗っている。このため、騎乗が非常にうまく、騎兵としての高い資質を持つ。

- **騎兵**：動物に乗って移動し、動物に乗って戦う兵士。剣や槍を使う騎兵のほかに、弓を使う弓騎兵も存在する。通常、馬に乗るが、砂漠などでラクダに乗る騎兵も存在した。ファンタジーでは、もっと他の生物に乗った騎兵も考えられる。

- **義勇兵**：戦争をしている国に、他国の国民が兵士として自主的に参加したもの。一般には、個人の発意による。ただし、直接戦争をした

くないために、軍の一部を義勇兵という名目で他国に送り込むこともある。例えば、日中戦争におけるアメリカ義勇軍フライング・タイガースは、戦闘機100機の堂々たる空軍で、人員は米軍から集め、機材は米軍が提供したが、あくまでも義勇軍であると主張していた。

- **曲射**：遠距離武器で放物線を描いて敵を攻撃すること。放物線軌道を予測するのは難しいので、おおまかな位置に発射することしかできない。上から斜めに落ちる軌道になるので、敵は盾を前に構えていても防ぐことができない。

- **鞍（くら）**：馬にまたがるときに、前後にずれないようにするために作られた乗馬器具。

- **クロスボウ**：弩（いしゆみ）。弓部分と銃身で十字架に見えるところから、この名がある。矢をつがえるのに手間がかかるが、素人でも比較的簡単に思った方向に飛ばすことができるので、徴兵した農民などを素早く戦力化できる利点がある。

- **軍紀**：軍隊の風紀と規律のこと。軍紀の正しい軍隊は、禁止されている略奪や強姦などはしない。ただし、中世の軍隊などでは、部隊に対する報償として略奪の許可が出ることがあり、この場合の略奪は部隊の権利なので軍紀とは関係がない。

- **軍規**：軍隊の規則。発音は同じだが、軍紀とは異なるので注意する。

- **軽装歩兵**：薄い鎧（鎧の種類は、時代ごとに変わる）もしくは鎧なしの歩兵で、遠距離攻撃や撹乱などを行う。

- **ゲリラ**：自国を占領した敵軍に対する遊撃戦もしくはその遊撃戦をする部隊のこと。パルチザンともいう。小規模部隊で、敵軍の弱点を突いて嫌がらせをし、敵の厭戦気分を高めて弱体化を図る。普段は、一般住民に紛れて身を隠している。ゲリラはジュネーブ条約第一議定書の締結（1977年）まで交戦者資格がなく、捕まっても捕虜と認められずに犯罪者として殺害されることが多かった。現代でも、条約が守られているかどうかは怪しいとされる。

- **攻勢**：敵を倒すために攻撃を行うこと。攻撃側は守備側の3倍ないと不利といわれるが、こちらが攻撃地点を決め、そこに部隊を集めるなど、戦いの主導権が取れる。

- **攻勢の限界**：攻勢を取ることによって得られる戦果は、攻勢を続けていれば大きくなる。しかし、攻勢部隊の戦力は、攻勢を続けると落ちていく。戦闘による部隊の損耗、前進することによって延びる補給線の負荷増大などが原因である。このため、いずれ攻勢を続けられなくなる。これが攻勢の限界である。この限界を超えて攻勢を取ると、今度は敵の逆襲を受けて、かえって戦果を失うことになる。

- **黒色火薬**：初期（19世紀まで）の銃に使われた火薬。現代の無煙火薬に比べて多少火力が落ちるうえに、大量の煙が出るので、銃の一斉発射など行うと、視界が悪くなった。現代でも、花火は黒色火薬を使用している。

- **国民軍**：その国の国民からなる軍隊。故郷や家族（そこから発展して自国）を守りたいという気持ちがあるので士気が高い。

- **コンドッティエーレ**：中世イタリアの傭兵。コンドッティエーレというと、特にその傭兵隊長を指すことが多い。また、後になると、イタリア人以外の傭兵隊長のこともコンドッティエーレと呼ぶようになった。

- **策源地**：前線に向かう部隊に物資を供給する後方基地のこと。補給基地。通常は自国内にあって、補給物資を保管してある。または、軍に物資を供給することのできる領地そのもののことを呼ぶ場合もある。

- **作戦正面**：戦闘が起こって、部隊と部隊がぶつかりあっているとき、主な戦いが起こっているところ。

- **散兵**：兵士同士が距離をおいている状態。最低でも数m以上は離れている。もしくは、そのように散開して行動している兵士。

- **シーパワー**：海軍力だけでなく、民間船舶などを含めて、その国が海を利用して他国に及ぼすことのできる軍事力・経済力・政治力な

どの総計をいう。

- **士気**：兵士の心の強さ、耐久力を意味する言葉で、これが高い兵士は危機にあたってもパニックにならず冷静に対処できる。必要ならばその場で耐えることもできるし、逃げるべき場合でも壊滅的逃亡ではなく部隊を保ったままでの撤退が可能となる。

- **私兵**：国家ではない組織や人が、自分の利害のために作った軍隊、およびその兵士のこと。企業・商会や犯罪組織の持っている兵力が私兵である。封建国家の領主の兵は、国のシステムの一部であるが領主個人の配下でもあるので、正規兵と私兵との中間といえる。

- **射程**：遠距離武器が敵にダメージを与えられる範囲。矢や弾は射程以上に飛ばすことができる。しかし、命中精度の問題や空気抵抗によって威力が落ちるので、届いたとしてもダメージが与えられない距離は射程外と見なす。

- **銃剣**：小銃の先につけた短剣。銃兵が白兵戦で身を守るために考えられた。

- **重装歩兵**：厚い鎧（どのような鎧を厚い鎧と見なすかは、時代ごとに変わる）を着た歩兵で、盾を持っていることが多い。敵と正面からぶつかる任務を負うことが多い。

- **銃兵**：銃を持った兵士。中世では火縄銃かマスケット銃を持った兵士のことをいう。現代から見ると旧式だが、当時としては画期的な性能の武器を持った兵で大変強力だった。

- **守勢**：こちらから攻撃を行わずに、敵の攻撃を防御すること。戦いの主導権が取れないという欠点はあるが、守備側は攻撃側より少数でも十分戦えるという利点がある。

- **正面**：軍事用語としての正面は、軍がそれぞれ正面から向き合って対峙している戦線のこと。戦いのうち主な戦闘は、正面で発生することが多い。

- **私掠船**：海賊の一種だが、国家から敵国の船を襲ってよいという私掠免状をもらって略奪を行う。敵国で捕まると海賊として処罰され

るが、自国では合法なので捕まらない。それどころか英雄扱いされることも多い。英国の英雄サー・フランシス・ドレイクも、私掠船長あがりである。

- **浸透戦術**：少人数で敵の戦線をすり抜けて、敵の後方で「補給線の破壊」「連絡線の阻害」「司令部の襲撃」などを行って、敵の軍組織の運用を困難にする戦術。

- **スイス傭兵**：中世スイスの傭兵で、パイク（非常に長い槍）で騎兵突撃を防ぎ、その槍を抱えて突撃することで敵歩兵を破る。当時、最強かつ忠実な傭兵として評価が高かった。

- **制海権**：英語では"Command of the Sea"。特定の海域において、自国船舶の安全を確保し、敵国船舶の撃破拿捕が行える場合、これを「制海権を持つ」という。

- **戦車**：馬に引かせた馬車に兵士を乗せて、移動しながら戦闘できるようにしたもの。大砲のついた装甲自動車のことではない。日本語では同じ「戦車」だが、英語では馬車のほうは"Chariot"、自動車のほうは"Tank"である。

- **戦術爆撃**：前線において味方部隊と戦っている敵戦力への爆撃を、戦術爆撃という。特に戦術爆撃の中でも陸上部隊の要請により指定された場所への爆撃を近接航空支援といい、砲兵による砲撃よりも精密性が高く有効といわれる。

- **戦線**：1. 敵に後方に回られないようにするため、味方部隊の兵員および防御施設などで引いた線。敵はこの線を越えて味方後方に回り込むことを狙ってくるので、味方はそれを阻止する。このため、戦線で戦闘が発生することが多い。

  2. 1の戦線が存在している地域のことを戦線と呼ぶこともある。戦線ごとに司令部を作って担当分けを行うことも多い。こうやってエリア分けをしておくと、戦略や作戦を立てるときに理解しやすい。

- **前線**：敵と戦っている地域のこと。どこまでが前線で、どこまでが後方なのかは、人・時代によって差があるので一致しない。武器を使用して戦っているところが前線で、一切武器の飛んでこない民間人の住む地域が後方であることは一致している。しかし、軍需物資を（狭義の）前線に輸送している部隊がいる地域や、補給物資の集積所などを前線の一部とするか後方とするかは、人・時代によって異なる。一般には、現代に近くなると、このような地域も後方ではないとすることが多い。

- **船団護衛**：自国の船をバラバラに動かすのではなく、船団を組ませて自国の艦隊で護衛すること。船団が大きいほど護衛も大きくなって、安全度は高まる。しかし、大船団は輸送効率を落とすことになるので、そのバランスは難しい。

- **全滅**：軍用語としての全滅は、兵員全員が死傷することを意味しない。死傷者が出ると、その面倒を見るための兵員が必要となる。これによって、前線で戦える兵員がいなくなることを全滅という。中世の戦いでは半数、現代の戦いでは3割も死傷すると、部隊としては全滅扱いとなる。

- **戦略爆撃**：敵の国力そのものを攻撃する爆撃のこと。軍需物資を生産している工場だけでなく、その工場で使う電気・資源その他を生産・輸送・保管しているところ、さらにはそのようなところで働いている人員（民間人）まで、国の経済を動かすありとあらゆるところが爆撃の対象となる。

- **戦力比**：敵味方の戦力を比べたもの。10,000人と5,000人が戦えば、戦力比は2対1となる。もちろん、戦力比は人数の差だけでなく武装の差や練度の差なども影響するので、簡単に計算することはできない。

- **蛸壺（たこつぼ）**：人が1人だけ入れる個人用塹壕。

- **拿捕（だほ）**：敵の船などを、封鎖違反（軍が決めた封鎖海域への侵入）や、戦時禁制品（敵国への輸入を禁止された物資。軍需物資などが多く、医療品や赤ん坊のミルクなどは禁じられないことが多い）の輸送などによって捕まえること。

- **地域海軍**：自国の沿岸および周辺を守るための海軍のこと。海軍予算が少なくても実現可能。遠洋まで行く必要がないので、艦艇の航続距離を減らしてもよく、その分だけ性能を上げられる（同じ性能の船であれば小さく安く作れる）ため、海軍全体のコストが安くすむ。

- **遅滞戦闘**：敵の移動を妨害するための戦闘。味方が逃げるときに敵本体が追いつかないようにする、会戦で敵部隊の一部を殲滅する間に他の敵部隊の行動を遅らせるなど、様々な遅滞行動がある。

- **直射**：直線もしくは重力で少し落ちる程度の軌道を描く遠距離武器で敵を攻撃する。軌道を予測しやすいので狙撃も可能となる。

- **直卒部隊**：指揮官が直接率いる部隊のこと。通常軍隊は、部隊指揮官の下に小部隊指揮官を置く。部隊指揮官はそれぞれの小部隊指揮官に命令を下し、それぞれの小部隊指揮官が配下の小部隊を率いる。しかし、中には部隊指揮官が、一つの小部隊の指揮官を兼ねていることがある。このような場合、その小部隊を直卒部隊という。

- **追撃戦**：逃げている敵を追いかけて攻撃する戦い。大抵の場合は追撃側が有利である。

- **通商破壊**：敵国の商業輸送を阻止もしくは商品を奪取することによって、敵国の経済を痛めつける戦い。多くの場合、海において敵国商船を沈めたり拿捕したりする。陸路における通商破壊も理論的には考えられるが、現実には敵の陸上通路に軍を送り込むことが困難なので、滅多に行われることはない。

- **帝国**：複数の国や民族を支配する大国を帝国という。ファンタジー作品でも、巨大な敵として登場することが多い。モデルとされる歴史上の帝国は2つある。一つは、地中海世界すべてを制したローマ帝国。併合した国を、自国に

取り込んだ大国のモデルとされる。もう一つは、世界に多くの植民地を持っていた時代の大英帝国（英国国王が皇帝なのは、インド皇帝だからである。このため、現在の英国国王は皇帝ではない）。こちらは、世界中に植民地を持ち、植民地の人々を搾取する帝国のモデルとされることが多い。もちろん、これに当てはまらない自称帝国もある。

- **投石器**：石を勢いよく、遠くまで投げるための道具。直径数cm〜10cmほどの石であっても、命中すれば怪我をさせることができる。シンプルだが武器として十分に役に立つ。

- **遠矢**：有効射程ギリギリの矢。当然のことながら、速度が落ちて威力が弱まっている。

- **渡河**　川を渡ること。軍事用語で渡河というと、橋を渡る場合と、浅瀬を見つけて部隊が川を突っ切る場合の両方をいう。橋を渡るときは部隊が細長くなり、浅瀬を渡るときには移動が遅くなるので、渡河中に攻撃されると非常に不利となる。

- **二正面作戦**：軍事的正面が2つある戦い。当然のことながら、戦力が二分されて不利になる。

- **白兵戦**：剣や槍といった近接戦闘用の武器での戦いのこと。

- **火縄銃**：火のついた紐（これを火縄という）によって火薬に着火して、銃弾を発射する銃。雨に弱く、火の粉が飛び散るなど、様々な欠点もある。

- **兵糧攻め**：城などを囲んで一切の補給ができないようにして、飢えを待つ作戦。食糧を早く消費させるために、わざと兵の家族や周辺の住民などを城に追い込むことすらある。兵糧攻めが成功するためには、こちらの包囲を解くだけの戦力が敵にないこと、補給を送り込む方法が敵にないこと、外部から救出のための援軍が来ないことの3つの要件がある。

- **副官**：将軍などの高級将校に付き従って秘書の役割を果たす軍人。副官は単なる秘書なので部隊に対する指揮権はないことに注意。ま

た、地位もかなり低い（少将の副官が中尉など）。

- **副将**：部隊において、将軍の次に指揮権を持つ。将軍が負傷するなどして指揮を執れなくなった場合、副将が指揮権を継承して部隊の指揮を執る。地位は、将軍と同等か一つ低いくらい。隊長に対して、副隊長という場合もある。

- **副長**：軍艦において、艦長の次に指揮権を持つ。艦長が負傷するなどして指揮を執れなくなった場合、副長が指揮権を継承して艦の指揮を執る。地位は、艦長より一つ低いくらい。

- **フリントロック式銃**：火打ち石によって火花を出して火薬に着火させる銃。多少の雨でも着火でき、火縄がないため銃兵同士が近寄っても危険がないので、火縄銃のときよりも銃兵を密集させて火力を集中できる。その代わり、火打ち石が衝突するショックで多少銃身がぶれるため狙撃には向かない。

- **兵科**：兵士の分類。騎兵や歩兵といった大きな分類の他に、弓歩兵や槍歩兵といった小さな分類もある。兵科によって、装備や戦術が異なる。

- **兵站**：軍を維持する仕組み。補給、輸送、整備、管理など、直接戦闘に関わらないもの、ほぼすべて。

- **補給戦**：補給を巡る戦い。味方に必要な補給物資を輸送すること、逆に敵の補給を阻止することなど。軍が実際に戦えるかどうかは補給の有無によって決まるので、地味だが非常に重要である。

- **補給線**：補給物資を送る経路。道路や線路および、その付帯施設（ガソリンスタンドや駅）、さらにそこで活動する補給部隊など、前線に補給を送るために必要なものすべてを包括している。

- **歩兵**：馬などに乗らずに徒歩で移動して戦う兵士。武器は槍や剣などの白兵戦武器や、弓や投石器などの遠距離武器など。武器ではなく、大きな盾を持ち歩く盾歩兵なども存在する。現代では、自動車に乗って移動して戦闘時に

下車する自動車化歩兵が主流となっている。

● **マスケット銃**：先込め式の銃で、銃身にライフリングが施されていないもの（滑腔式）。火縄銃の時代から19世紀半ばまで使われた。滑腔式なので、命中率が低く狙撃などには使いにくい。ただし、16世紀半ば、大型の火縄銃をマスケットと呼んだ時期もあった。

● **密集隊形**：兵士が非常に接近して隊列を作っていること。その間隔は数10cmほど。

● **民兵**：兵士ではない人が臨時に兵士となること、もしくはその兵士。ただし、普段は民間人として生活しているがいざというときに備えて、民兵の組織が作られていることもある。現在でもアメリカでは民兵と民兵組織が多く存在する。広義の民兵は、私兵や義勇兵なども含む。

● **無煙火薬**：19世紀末に黒色火薬に変わって使用されるようになった火薬で、主成分は初期はニトロセルロースだったが、後にはニトログリセリンが多く使われた。黒色火薬と異なり、煙が出ず、発射後に銃身の掃除をする必要もなく、さらに威力も大きいと、非常に有用なものだった。このため、安定して製造できるようになると、軍に大々的に使用されるようになり、専用の銃と銃弾が開発されるようになった。

● **面制圧射撃**：ある一定面積を狙って遠距離武器を発射すること。そして、これによってエリアにいる敵を撃破もしくは行動不能にすること。行動不能といっても、死傷させるのではなく、塹壕や蛸壺などに隠れたままで身動きできなくなった状態も含む。面制圧を行う遠距離武器にはあまり精度を必要としないが、エリア全域が攻撃を受けていると敵に感じさせるだけの数と威力が必要になる。

● **矢戦（やいくさ）**：遠距離戦のこと。矢以外の遠距離武器を使った遠距離戦であっても、矢戦と呼ぶ。

● **野戦**：砦や城などがない土地（平原でも山地でもよい）での戦い。

● **野戦築城**：野戦で攻城戦の城側の利点を得ようと、地面に堀を掘ったり柵を作ったりして臨時の防衛設備を作ること。

● **野戦砲**：野戦に使うために車輪などをつけて移動しやすくした砲門。

● **傭兵**：金をもらえばどの国にでも雇われて、その国の兵として戦う軍隊。金のために戦っているので、給金が滞れば裏切る。また、怪我をすると仕事にならないので、負け戦からはさっさと逃げようとする。

● **予備役**：以前軍隊に在籍していて、いったん退役したものの、時々訓練を行って、能力をある程度維持している人々。有事の際には軍務に戻る。予備役をおいておくことで、平時は軍の規模を小さくできる。

● **ライフリング**：施条（しじょう）ともいう。銃身の内側に螺旋状の溝を掘ることで、弾丸に回転を与えて、その直進安定性を高めようとしたもの。

● **ライフル銃**：銃身にライフリングを施した銃。有効射程が300mほど、最大射程は1,000mほどにまで伸びた。

● **ランツクネヒト**：中世ドイツの傭兵。スイス傭兵を見本に、神聖ローマ帝国皇帝マクシミリアン1世が作った。

● **練度**：兵が訓練や実戦でどのくらい能力が高められているかを表す。同じ人数で同じ武器であれば、練度の低い兵力が練度の高い兵力に勝つことは困難。

● **ローマ軍**：ローマには、ごく初期の王国時代、続く共和国時代、カエサル以降の帝国時代、分裂してからの東西ローマ帝国時代とあるが、帝国時代のローマ軍が主に取り上げられる。この時代にローマ軍は、地中海世界すべてを制する強国となる。

● **鹵獲（ろかく）**：戦いに勝って、敵の補給物資などを奪い取ること。奪った物を鹵獲○○ということが多い。船を奪えば鹵獲船となる。

249

参考文献

- Die Ringer-Kunst des Fabian von Auerswald／Fabien von Auerswald, G.A.Schmidt, Wassmannsdorff, Karl WilhelmFriedrich, Cranach, Lucas
- Fencing:A Renaissance Treatise／Camillo Agrippa／Italica Press
- Jakob Sutor's kunstliches Fechtbuch zum Nutzen／Soldaten, Studenten und Turner
- Knightly Arts of Combat／David Lindholm & Peter Svärd／Paladin Press
- Polearms of Paulus Hector Mair／David James Knight & Brian Hunt／Paladin Press
- Polish Armies 1569-1696(1) Men-at-Arms 184／Richard Brzezinski／Osprey Publishing
- Saladin and the Saracens Men-at-Arms 171／David Nicole Ph.D／Osprey Publishing
- SSガイドブック／山下英一郎／新紀元社
- Talhoffers Fechtbuch／Gustav Hergsell／
- The Greek and Persian Wars 500-323B.C. Men-at-Arms 69／Jack Cassin-Scott／Osprey Publishing
- The Knight of Christ Men-at-Arms 155／Terence Wise／Osprey Publishing
- The Medieval Longsword Mastering Arts of Arms 2／Guy Windsor／The School of European Swordmanship
- The Swordman's Companion:A Modern Training Manual for Medieval Longsword／Guy Windsor／The School of European Swordmanship
- The Swordman's Quick Guide／Guy Windsor／The School of European Swordmanship
- The Venetian Empire 1200-1670 Men-at-Arms 210／David Nicole Ph.D／Osprey Publishing
- イギリスの古城／太田静六／吉川弘文館
- 絵解き戦国武士の合戦心得／東郷隆／講談社
- 絵解き雑兵足軽たちの戦い／東郷隆／講談社
- 陥落攻城戦／田村二郎, 野田克哉, 木村知音／新紀元社
- 図説 剣技・剣術／牧秀彦／新紀元社
- 図説 剣技・剣術二／牧秀彦／新紀元社
- 古代ギリシア人の戦争 会戦事典800BC-200BC／市川定春／新紀元社
- 十字軍騎士団／橋口倫介／講談社
- 戦術 名称たちの戦場／中里融司／新紀元社

- 戦術と指揮／松村劭／PHP研究所
- 戦争・事変 全戦争・クーデター・事変総覧／溝川徳二／教育社
- 戦闘技術の歴史1 古代編3000BC-AD500／サイモン・アングリム, フィリス・G・ジェスティス, ロブ・S・ライス, スコット・M・ラッシュ, ジョン・セラーティ, 松原俊文, 天野淑子／創元社
- 戦闘技術の歴史2 中世編AD500-AD1500／マシュー・ベネット, ジム・ブラッドベリー, ケリー・デヴリース, イアン・ディッキー, フィリス・G・ジェスティス, 浅野明, 野下祥子／創元社
- 戦闘技術の歴史3 近世編AD1500-AD1763／クリステル・ヨルゲンセン, マイケル・F・パヴコヴィック, ロブ・S・ライス, フレデリック・C・シュネイ, クリス・L・スコット, 浅野明, 竹内喜, 徳永優子／創元社
- 戦闘技術の歴史4 ナポレオンの時代AD1792-AD1815／ロバート・B・ブルース, イアン・ディッキー, ケヴィン・キーリー, マイケル・F・パヴコヴィック, フレデリック・C・シュネイ, 浅野明, 野下祥子／創元社
- 戦略ゲームのはなし 必勝のテクニック／大村平／日科技連出版社
- 戦略思想家事典／前原透, 片岡徹也／芙蓉書房出版
- 戦略の歴史 上下／ジョン・キーガン, 遠藤利國／中央公論新社
- 続・中世ヨーロッパの武術／長田龍太／新紀元社
- 中世ヨーロッパの武術／長田龍太／新紀元社
- 鉄腕ゲッツ行状記 ある盗賊騎士の回想録／ゲッツ・フォン・ベルリヒンゲン, 藤川芳朗／白水社
- 武器 歴史 形 用法 威力／ダイヤグラムグループ, 田島優, 北村孝一／マール社
- 武器と防具 西洋編 Truth In Fantasy 20／市川定春／新紀元社
- 武器と防具 日本編 Truth In Fantasy 15／戸田藤成／新紀元社
- 武器屋／Truth In Fantasy 編集部／新紀元社
- 幻の戦士たち Truth In Fantasy 2／市川定春／新紀元社
- 明府真影流手裏剣術のススメ／大塚保之／BABジャパン
- ヨーロッパの古城 城郭の発達とフランスの城／太田静六／吉川弘文館
- 歴史図解戦国合戦マニュアル／東郷隆／講談社

索引

あ行

足軽	42, 244
鎧	54, 244
石垣	193
異種白兵戦	116
移乗戦	205, 206, 208
イチイの木	24
一番槍	66
一騎衆	68
移動力	135, 244
印地	27
ヴァイキング	207
ヴィルトゥ	240
ウーラン	63
ウェクシラリウス	21
ウェゲティウス	238
馬足軽	68
衛角戦	205
衛生兵	76
エパミノンダス	174
偃月	189
横陣	170, 172
狼の牙	91
大鎧	64
桶狭間の戦い	140
起こし受け	125
オランダ式大隊	187

か

回光通信	211
介者剣術	130
海上支配	236, 244
海上封鎖	237, 244
会戦	5
海戦	204, 206, 210
外線	222
外線作戦	222
外洋海軍	237, 244
海洋戦略	236
かかり引き	159
架空兵科	70
鶴翼	188
カトラス	209
金が崎の退き口	159
構え	89
ガリア戦役	221
火力	134, 244
ガレアス船	210
ガレー船	204
ガレオン船	210
川打ち	42
雁行	189
艦隊保全戦略	237, 244
カンナエの戦い	180

き

機関銃	35, 36, 61, 244
機関銃陣地	146
騎士	58
騎射	52, 244
奇襲	152
機動	198, 244
機動戦	198
機動歩兵	13
機動力	48, 70, 134, 244
騎馬軍団	68
騎馬民族	244
騎馬民族騎兵	52, 55
騎馬武者	64, 66
騎兵	48, 58, 244
吸血鬼	84
弓馬の道	66
義勇兵	244
曲射	149, 245
距離	88
魚鱗	188
ギリシアの火	207

く

空母決戦思想	153
くさび型陣形	184
管槍	129
鞍	54, 245
グラッパー	121
繰り引き	159
クリュンパーシステム	168
クロスボウ	22, 245
クロスボウマン	22
軍紀	245
軍規	245
クンクタートル	218
軍師	212
『君主論』	240
『軍事論』	240

け

軽装騎兵	56
軽装歩兵	18, 245

251

ケープ	111
ゲリーラ	230
ゲリラ	245
ゲリラ戦	139, 230
剣	96, 104
剣道三倍段	66
ケントゥリア	21
ケントゥリオ	21

✠ こ

攻撃線	97
攻撃力	134
高所	150
攻城戦	5, 200, 202
攻城櫓	202
攻城櫓船	206
攻勢	245
攻勢の限界	245
衡軛	189
国際信号旗	211
黒色火薬	246
国民軍	164, 245
9つの原則	136
腰刀	65
個人戦闘	86
コホルス	21
コルウス	205
コンサーティーナ・ワイヤ	147
コンドッティエーレ	245

✠ さ

サーベル	122, 124
在郷軍人	168
最大射程	144
逆手	114
策源地	245
作戦正面	245
刺股	45
サドルクロス	52, 54
塹壕	61, 148, 193
散兵	13, 36, 245
三兵戦術	190
参謀	212

✠ し

シーパワー	236, 245
シールドバッシュ	105
支援軍	38
士気	164, 246
指揮官	162
指揮官先頭	185
指揮官中央	185
指揮能力	135
持久戦	218
指揮力	135

十手	44
私兵	40, 246
斜線陣	174
射程	246
銃剣	34, 124, 246
縦深防御	221
重装騎兵	56
重装弓騎兵	64
重装弩兵	14
重装歩兵	14, 246
銃兵	32, 34, 246
守勢	246
シュリーフェン・プラン	226
順手	114
将軍	212
衝撃力	134
城塞	200
城塞都市	200
焦土作戦	167, 220
情報力	135
正面	246
諸兵科連合	190
私掠船	208, 246
殿	158, 161
神官	76
浸透戦術	36, 153, 246

✠ す

水車斬り	98
スイス傭兵	30, 246
水中兵科	82
スウェーデン式大隊	187
スクトゥム	20
スタッフ・スリング	26
スピア	92
スリンガー	26
スリング	26

✠ せ

制海権	236, 246
政略	213, 216
狭き長尾の構え	115
戦車	50, 246
戦術	133, 217
戦術爆撃	246
戦場の霧	232
戦線	170, 246
前線	247
戦争の霧	233
戦争利益	214
船団護衛	237, 247
戦闘距離	144
戦闘力	134
扇動力	135
全滅	247

戦略	213, 216
戦略爆撃	247
戦力	70
戦力の集中	140
戦力比	247
戦列歩兵	34

✠ そ

双角	44
遭遇戦	5
槍術三倍段	66
属領兵	38
狙撃距離	144
袖搦	45
『孫子』	242
孫武	242

✠ た行

ダイナモ作戦	177
ダガー	111, 112, 114
武田騎馬軍団	68
蛇行斬り	99
蛸壺	247
太刀	65
盾	96, 104
ダブル・エプロン・フェンス	147
拿捕	247
地域海軍	237, 247
遅滞戦闘	247
中央突破	182
治癒魔法	77
長弓兵	24
長蛇	189
直射	247
直卒部隊	247
追撃	160
追撃戦	160, 247
通商破壊	237, 247
通商破壊戦	208
突棒	45
釣り野伏せ	155, 161
帝国	247
鉄条網	146
鉄槌と金床	176
鉄の門の構え	115
手旗信号	211
テルシオ	187
電撃戦	228
当世具足	67, 126
統制力	135
投石器	26, 248
投石兵	26
遠矢	248
渡河	194, 248
渡河戦	194

時	88
毒蛇の構え	101, 102
ドッペルゼルトナー	29
弩兵	22
土木工事戦	203
土盛	193
トラシメヌス湖畔の戦い	155
捕手	44
トリブヌス	21
トレンチ	148

✠ な行

内線	224
内線作戦	143, 224
ナイフ・レスト	147
萎し	44
長柄武器	94
長柄補具	45
長柄槍	42, 128
長篠合戦	193
流れ	89
ナポレオン	224
仁王腰の構え	129
二正面作戦	226, 248
偽十字の構え	102
二刀流	108
忍者	46
ネチェシタ	240

✠ は行

ハーフソード	102
パイク	30, 90
パヴィス	23
白兵戦	116, 248
破城槌	202
破城槌船	206
八陣	188
バックラー	106
バノックバーンの戦い	194
馬防柵	193
パルティアの矢	52
ハルバード	31, 94
ハルピュイア	71
ハンターキラー戦術	83
ハンダク	148
ハンニバル	180, 218
飛行兵科	78
膝折り	119
火縄銃	23, 32, 248
ピュロスの勝利	219
病院騎士団	76
驃騎兵	62
兵糧攻め	197, 248
平場の大槍の崩れ	43
ファビウス戦略	218

ファランクス	16
フォルトゥナ	240
武技	88
副官	248
副将	248
副長	248
伏兵	154
伏兵戦	5, 154
フサリア	62
武装格闘術	118
プッシュ・オブ・パイク	31
フリントロック式銃	33, 248
分進合撃	142
兵科	248
兵站	234, 248
兵站負荷	70
兵站力	135
ペヘレル	51
ペルタ	18
ペルタスタイ	18
包囲	178
包囲戦	178, 203
包囲殲滅線	180, 182, 222
防衛戦	5
方円	189
箒	132
防御力	135
蜂矢	189
ポールアーム	94
ポールアックス	94
補給線	196, 248
補給戦	196, 248
ホプリタイ	16
ホプロン	16
歩兵	12, 248
堀	192

✠ ま行

マキャベリ	240
マスケット銃	249
魔法戦士	74
魔法使い	72, 132
マンゴーシュ	111
密集隊形	13, 249
密集隊形歩兵	13
三道具	44
民兵	40, 249
無煙火薬	249
メディック	76
面制圧射撃	145, 249
モードシュラッグ	100, 102
モスボール	168
持鑓	128

● や行

矢戦	249
野戦	249
野戦築城	192, 249
野戦砲	249
屋根の構え	94
有効射程	144
有刺鉄線	35, 146
遊兵	171
有翼衝撃重騎兵	62
ユサール	62
要塞	200
傭兵	28, 249
予備	156
予備役	168, 249
予備自衛官	168
鎧	126

✠ ら行

ライフリング	249
ライフル銃	249
ラム	205
ランス	120
ランスチャージ	120
ランスレスト	121
ランチェスターの法則	138
ランツクネヒト	29, 249
リアガード	158
竜騎士	80
竜騎兵	60
糧食	166
両手剣	98
レイピア	110, 112
レウクトラの戦い	175
レガトゥス	21
練度	249
ローマ軍	249
ローマ軍団	20
ローマ重装歩兵	20
鹵獲	249
鹵獲船	208
魯迅	160
ロングシップ	207
ロングボウ	24
ロングボウマン	24

✠ わ行

ワーゲンブルグ	41
和弓	64

✠ 著者紹介

山北篤（やまきた あつし）

ソフトウェアエンジニアからゲームライターへ転じ、ゲーム作成に必要な様々な知識を元に、数多くの著作を持つ。主な著書に『ゲームシナリオのためのファンタジー物語事典』『西洋神名事典』『図解・忍者』『コンピュータゲームの物理』『幻想生物　西洋編』、翻訳書に『トーグ』などがある。

本書のサポートページ

http://isbn.sbcr.jp/83294/

本書をお読みいただいたご感想・ご意見を上記 URL からお寄せください。本書に関するサポート情報やお問い合わせ受付フォームも掲載しておりますので、あわせてご利用ください。ただし、本書の記載内容とは直接関係のない一般的なご質問、本書の記載内容以上の詳細なご質問、お客様固有の環境に起因する問題についてのご質問、書籍内にすでに回答が記載されているご質問、具体的な内容を特定できないご質問など、そのご質問への対応が、他のお客様ならびに関係各位の権益を減損しかねないと判断される場合には、ご対応をお断りせざるをえないこともあります。またご質問の内容によっては、回答に数日ないしそれ以上の期間を要する場合もありますので、なにとぞご了承ください。

ゲームシナリオのための戦闘・戦略事典
ファンタジーに使える兵科・作戦・お約束 110

2015 年 12 月 1 日　　初版　第 1 刷 発行

著　　　者	山北 篤
発　行　者	小川 淳
発　行　所	SB クリエイティブ株式会社
	〒 106-0032 東京都港区六本木 2-4-5
	http://www.sbcr.jp/
印　　　刷	株式会社シナノ

イ ラ ス ト	池田正輝
組　　　版	編集マッハ
装　　　丁	渡辺縁

※本書の出版にあたっては正確な記述に努めましたが，記載内容などについて一切保障するものではありません。
※乱丁本，落丁本はお取替えいたします。小社営業部（03-5549-1201）までご連絡ください。
※定価はカバーに記載されております。

Printed in Japan　　ISBN978-4-7973-8329-4